MODELLBAHN BIBLIOTHEK

VGB [VERLAGSGRUPPE BAHN] | KLARTEXT

LUST *auf* LANDSCHAFT

Wie eine Märklin-Anlage entsteht
Vom Gleisbau bis zur PC-Steuerung

Impressum

Bibliographische Information der Deutschen Bibliothek: Die Deutsche Bibliothek verzeichnet diese Publikation in der Deutschen Nationalbibliographie; detaillierte bibliographische Daten sind im Internet über http://dnb.ddb.de abrufbar.
ISBN: 978-3-8375-0920-5

Autoren: Klaus Eckert, Ilona Eckert, Michael Siemens
Modellbau: Andreas Mock (Fahrzeuge), Angelika und Michael Siemens

Bildnachweis: Marcus Benz (17 u), Michael Hubrich (16/1), Dieter Kempf (16/3), Jürgen Nelkenbrecher (16/2, 16/4, 17 o)
Arbeitsschritte: Klaus Eckert, Michael Siemens
Szenen, Aufmacher, Bilder Titelseite, Vor- und Nachsatz: Klaus Eckert

Bilder Titelseite: Der VT 11.5 zählt zu den herausragenden Modellen aus dem Hause Märklin (großes Bild). Lebendige Szenen, wie die mit dem Borstentier, sollten auf keiner Anlage fehlen (kleines Bild).

Vor-/Nachsatz: Der Anlagen-Gleisplan erlaubt vielfältigen Betrieb.

Lektorat: Ilona Eckert

Layoutentwurf: Maria Lobis

Satz & Layout: Klaus Eckert

Reproduktion und Druck: Fotolito Varesco, Auer (Südtirol)
Gedruckt auf 150 g Magno Rapid Silk von Sappi

Lebendige Atmosphäre

Kennen Sie das? Es existiert ein Plan zur eigenen Anlage, auch ein stabiler Rahmen ist bereits errichtet worden. Loks und Wagen für den künftigen Fahrbetrieb sind ebenfalls vorhanden. Nun verspüren Sie große Lust, gleich loszulegen. Aber wie?
Erfahrene Modellbahner wissen, welche Schritte als Erstes zu erledigen sind. Einsteiger wollen sich oftmals vorab ein Bild von den technischen und gestalterischen Möglichkeiten machen und so auch den Aufwand einschätzen, den eine mittelgroße Modellbahn-Anlage erfordert.
Der Titel des Buches ist Programm. Lust auf Landschaft sollen die nachfolgenden Seiten machen, aber auch die Scheu vor der Technik nehmen, mit deren Hilfe die Modellbahnsteuerung ermöglicht wird. Daher behandelt dieses Buch auch Themen wie Gleisverlegung und digitale Steuerung. Letztere ist leichter installierbar als oft vermutet und bietet neben automatisierbaren Abläufen auch genug Raum für individuellen Spielspaß.

Anhand eines realen Anlagenprojekts, welches in diesem Buch in Texten und Bildern dokumentiert wird, lassen sich alle wichtigen Arbeitsschritte nachvollziehen, die zu einer ansprechend gestalteten Anlage führen. Dabei werden auch die Möglichkeiten einer detaillierten Gebäudegestaltung und anspruchsvollen Begrünung vorgeführt.
Ein besonderer Reiz geht von den vielen beleuchteten Szenerien aus. Sie zaubern bei Dunkelheit eine lebendig wirkende Atmosphäre in die H0-Welt. Auf einer solchen Anlage geht der Betrachter mit den Augen gerne spazieren. Es gibt viel zu entdecken in der liebevoll gestalteten Landschaft. Und die gezeigten Fahrzeuge machen Appetit auf den Betrieb des eigenen Fuhrparks.

Haben auch Sie nun Lust, eine (Modellbahn-)Landschaft zu errichten?
Dann wünschen wir Ihnen viel Spaß beim Schmökern und Mitbauen!

TRANS EUROP EXPRESS
TEE

Weder große Industriebauten noch großflächige landwirtschaftliche Anbauflächen finden sich auf unserer Anlage. In den 1960er und 70er Jahren gab es die bäuerliche Landwirtschaft meist als Familienbetrieb. Hier ist die Kartoffelernte in vollem Gange. Die Knollen werden in Handarbeit aus dem Boden geholt und sackweise auf einem Anhänger verladen. Preiser hat diese lebensecht wirkenden Figuren geschaffen. Sie passen auf jede Epoche-III/IV-Anlage. Ob auch das kleine Schwein abends gekochte Erdäpfel naschen darf?

Im Mittelpunkt einer Anlage steht in der Regel der Bahnhof. Hier kommen die Züge an, halten und setzen sich wieder in Bewegung. Rangieraufgaben sind zu leisten, und Güterzüge müssen hier immer wieder auf die Seite genommen werden, um den schnelleren Personenzügen den Vortritt zu lassen. Zur guten alten Zeit der Epochen III und IV war das mechanische Stellwerk noch vorherrschend. Folglich finden sich auch in unserem Bahnhof Flügelsignale. Selbst ein altes Behelfsstellwerk ist noch in Verwendung.

Vogelsheim
ermewa

Eine im Sommer spielende Modellbahn-Szenerie sollte mit üppigem Bewuchs aufwarten. Büsche und Bäume stehen in vollem Saft und auch rund um den Bahndamm zeigt sich alles in Grün. Die Landschaft einer Anlage besteht aber nicht nur aus den imitierten Pflanzen. Neben einem ordentlichen Gleisbau prägt auch die Fülle an Details das Bild. Signaltafeln, Kilometersteine und Verkehrsschilder bringen Leben auf die Anlage. Auch ein Bahnübergang macht sich gut. Eine Dampflok der Baureihe 94 schleppt hier ihren Nahgüterzug.

EUROP
FS Italia
L4469192
EUROP
FS Italia
L446919I

DB
Volgelsheim
Volgelsheim

Zur „Blauen Stunde“ zeigt sich unser Bahnhof „Volgelsheim“ samt dazugehöriger Ortschaft in einer besonderen Stimmung. Auch die Zimmerer, die bis eben noch am Dach eines der Häuser gewerkelt haben, werden nun bald Feierabend machen. In den Einkaufsläden unten will dagegen der eine oder andere Kunde noch rasch etwas erwerben. Andere wiederum freuen sich auf die Heimfahrt im gemütlich brummenden Schienenbus, der soeben in den Bahnhof einfährt. Dank diverser Leuchtmittel sorgen viele kleine Lampen für Romantik pur.

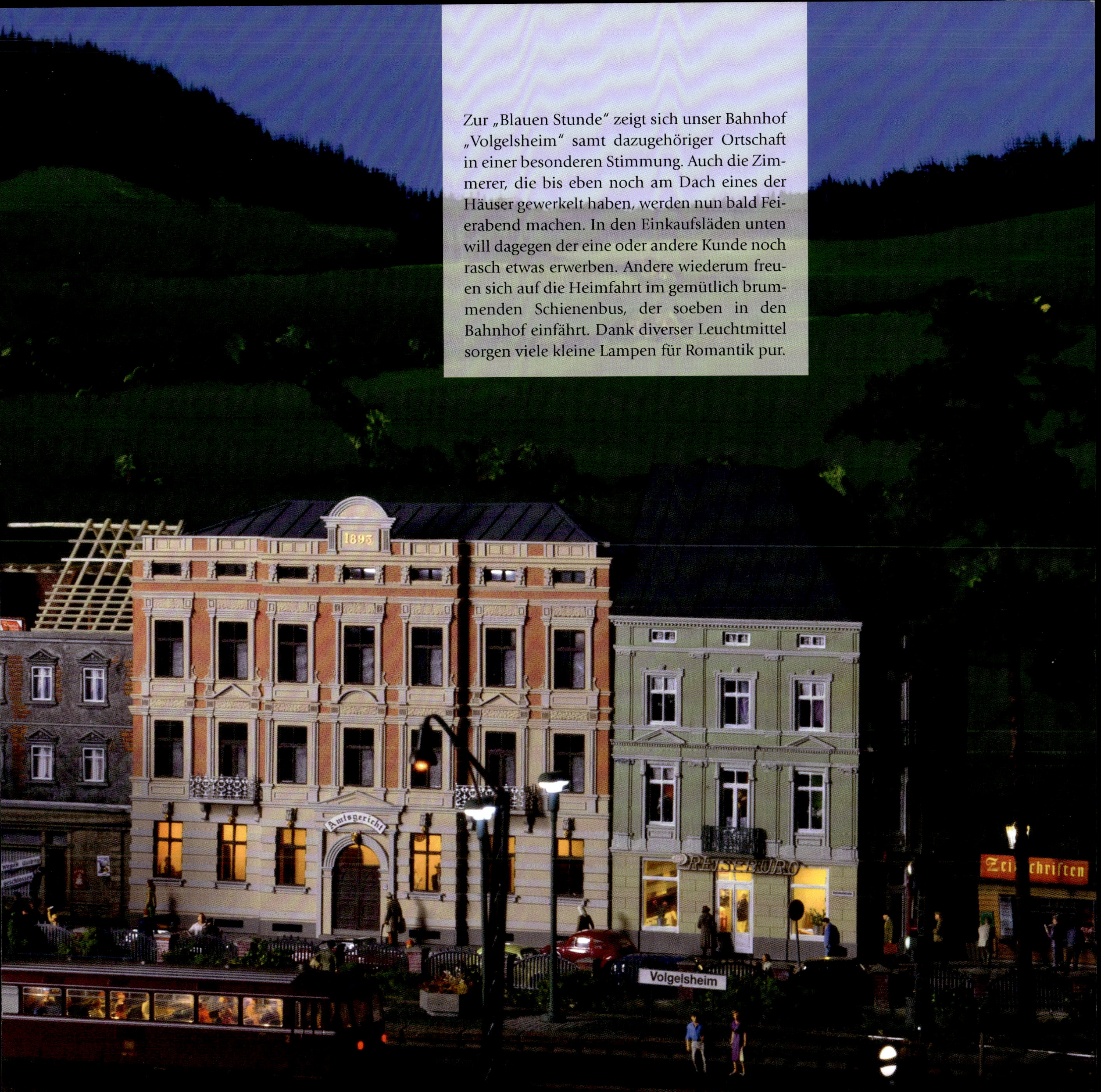

Mit offenen Augen

Der Modellbau hat viele Aspekte. Bastler, die in der Lage sind, eine weitgehend natürlich und realistisch wirkende Szenerie zu schaffen, haben meist entsprechende Vorbilder studiert und fotografiert. Daneben gibt es Tüftler, denen es in erster Linie auf Steuerungstechnik und Fuhrpark ankommt. Für angehende Modellbahner, die sich der Feingestaltung verschrieben haben und Details beim Vorbild abschauen wollen, hier ein paar Anregungen.

Frage an einen Modellbahner, dessen H0-Anlage durch ausgefeilte Details bestlicht: „Wie sind Sie denn auf dieses Motiv gekommen?" – „Ach, Sie meinen den kleinen Durchlass hier unter der Hauptstrecke. Letztes Jahr im Urlaub bin ich mit einem Kumpel unter einem solchen Durchlass hindurchspaziert. Die Szenerie hat mir so gut gefallen, dass ich gleich meinen Fotoapparat gezückt und Aufnahmen gemacht habe. Vom Mauerwerk, der Bodenbeschaffenheit, dem Geländer …". – Mit offenen Augen durch die Natur oder besiedeltes Terrain zu wandeln, führt fast immer dazu, dass man mit einem Sack voller Ideen für die Landschaftsgestaltung nach Hause kommt. Die einen prägen sich die Details ein und rufen sie bei Bedarf mit dem geistigen Auge ab, die

Der Natur auf der Spur

Vorbild-Motivsuche im Garten eines Allgäuer Pferdehofes. Im Frühsommer ranken sich die Bohnen noch nicht an den Stangen hinauf, sie sind hier als kleine Pflänzchen am Erdboden erkennbar, aber die Ausrichtung der Kletterhilfen ist hier gut erkennbar. In den Beeten wachsen diverse Gemüsepflanzen, auch Mohn und blühende Stauden.

Großblättrig wachsendes Gemüse, wie hier der Kohlrabi, lassen sich mit entsprechenden Karton-Bausätzen aus der Serie der Lasercut-Minis von Noch besonders gut nachbilden.

Entenhaus auf einem kleinen Teich – eine idyllische Szenerie, die als Anregung für die Modellgestaltung dienen kann.

Im Licht der Abendsonne treten die Farben und Formen der Waldvegetation besonders klar hervor. Stehen wie hier die Nadelbäume nicht zu dicht, ist der Boden von kleineren Laubgewächsen, Farnen und Gräsern bedeckt. Im Modell kann man solche Gegebenheiten ebenfalls nachahmen.

Ambiente

Die 01 150 hat sich während eines frischen Frühlingstages im Lahntal mächtig angestrengt und erreicht nun das Vorfeld eines Bahnhofs. Blühende Bäume am linken Bildrand weisen auf die Jahreszeit hin. Das Flügelsignal im Vordergrund gehört zur mechanischen Stellwerkstechnik mit Drähten und Leitungen.

Im Bahnhof Rottweil standen in den 1970er Jahren, wie an vielen Bahnhöfen, noch die markanten Formsignale. Eine Diesellok der Baureihe 221 beschleunigt eben ihren Güterzug.

Eine 218 ist mit ihrem, teilweise aus Silberlingen gebildeten Personenzug zum Stehen gekommen. Auf dem Bahnsteig erhellen des Nachts etliche Lampen das Areal. Modellbahner werden auch die Laterne der Kreuzungsweiche genauso wie die herrlichen Betriebsspuren der 218 138 genussvoll betrachten.

Herbstliche Landschaft zwischen Rheine und Emden in den frühen 1970er Jahren. Eine 01.10 befördert einen Eilzug. Zu den interessanten Details zählt der Kilometerstein links neben der Strecke. Gleisfarbe und das Schotterbett dienen dem Modellbahnfreund als Vorlage.

anderen halten ihre Eindrücke fotografisch fest. Doch egal wie man es anstellt, die Hauptsache ist, dass man den doppelten Gewinn – das intensive Wahrnehmungserlebnis und die bastlerische Umsetzung des Gesehenen – zu genießen vermag. Wie sieht der Uferbewuchs bei einem See oder Teich aus? Welche Pflanzen wachsen in Gärten? Wie sind die Beete gestaltet? Was wächst im Wald? Stehen da nur hoch gewachsene Bäume herum? Wie ist der Waldboden beschaffen? Welche Baumarten gibt es überhaupt? Existieren entsprechende Modell-Nachbildungen oder ist hier Eigenbau angesagt? Wie sehen Graslandschaften aus? Weisen alle Gräser dieselbe grüne Färbung auf? Gibt es Nuancen? Spielt hier die Jahreszeit eine Rolle? Das sind lauter interessante Überlegungen, die zu differenzierterer Betrachtungsweise und anspruchsvollerem Modellbau führen.

Landschaft – mit Eisenbahn

Eisenbahn und Landschaft harmonieren im Modell auf das Schönste, sofern das Gesamtbild eine scheinbar gewachsene Struktur aufweist. Also ist es von Vorteil, wenn man sich schon zu Beginn aller Modellbahnerei darüber im Klaren ist, welche Land-

Ortsbediente Weichen und eine markante Bahnhofslampe werden hier von einer 001 mit Neubaukessel im Hofer Hauptbahnhof passiert. Entsprechendes Zubehör ist erhältlich und sollte im Modell wiedergegeben werden.

schaftsformen man anstrebt – wie in Natura, wo die Landschaft bereits da war, bevor die Eisenbahn hinzukam. Das Ziel sollte eine Anlage sein, die sogar ohne Eisenbahn zum Hinschauen einlädt. Wer nicht brettelebenes Flachland zeigen möchte, lässt Hügel und Täler entstehen, schafft Flächen für ein Bahnhofsgelände, Siedlungen, Straßen, zu begrünende Bereiche und durchzieht dann die grob vorgestaltete Landschaft mit Trassen für die Eisenbahn. Dieser Vorgehensweise steht die nachträgliche Ausschmückung einer Gleisfigur auf der Grundplatte entgegen. Die Gestaltung spielt nur eine Nebenrolle.

Das Gleis und sein Umfeld

Der Begriff Landschaftsgestaltung im Modell umfasst nicht nur die Nachbildung von Wiesen und Wäldern. Siedlungen, Straßen sowie bahntechnisches Inventar können ebenfalls sehr vorbildgetreu nachgebildet werden. Entsprechendes Zubehör ist meist im Fachhandel erhältlich. Details lassen sich oftmals mit Pinsel und Farbe anbringen und optimieren so das Erscheinungsbild, beispielsweise der Gleise. Betrachtet man diese beim Vorbild, erkennt man rasch, dass diese oftmals Rostanhaftungen aufweisen. Die Laufflächen sind dagegen blitzblank, vorausgesetzt, es herrscht noch Verkehr auf dem betreffenden Gleis. In Bahnhöfen verhindern Grenzzeichen Kollisionen zwischen abgestellten und sich bewegenden Fahrzeugen. Signale sichern und regeln den Betrieb. Ihre Formen und Funktionsweisen änderten sich im Laufe der Zeit. So brachte das Schwinden mechanischer Stellwerke den Ersatz der alten Flügelsignale durch moderne Lichtsignale mit sich. Einige wenige Bahnhöfe an Nebenstrecken haben sich jedoch ihr Erscheinungsbild mit den klassischen Formsignalen und Stellwerks-Drahtzügen bewahren können. Solche Vorbilder können uns als Ideen-Fundgrube für die Gestaltung von Epoche-III- und IV-Anlagen dienen.

Wem die Gelegenheit zu solchen Streifzügen fehlt, der kann sich auch mit entsprechenden Fotos in der mittlerweile reichlich vorhandenen Fachliteratur behelfen. Großformatige Vorbildfotos mit historischen Eisenbahnmotiven zeigen in der Regel auch vielfältige Details, die es im Modell wiederzugeben lohnt. Wer den Blick auf das Gleis-Umfeld richtet, dem springen sowohl beim Foto als auch in der Natur Feinheiten ins Auge: Kilometersteine, Telegrafenmasten, die Farbe des Schotters, Bahnübergänge oder ein Feldweg, der die Strecke säumt.

! Basteltipp

Der helle Schotter am rechten Gleis verrät, dass dieses eine Neulage erhielt. Am Nachbargleis fährt ein Museumszug vorbei. Dieses Ambiente mit Flügelsignalen und historischen Fahrzeugen macht frühere Epochen auch heute noch erlebbar und liefert Bastelmotive.

Gut gebettet

Das Grundkonzept unserer H0-Anlage entspricht dem der offenen Rahmenbauweise. Damit die Anlage zerlegbar bleibt, sind es insgesamt vier Holzrahmen, die mit ihren Quer- und Längsspanten als Basis für die Aufbauten dienen. Neben den Landschaftsteilen sind dies die Trassenbretter für die Gleise.

Dank der aufgeständerten Montage der Trassenbretter ist eine variable Gestaltung der Streckenhöhe möglich. Hierbei sind jedoch bestimmte Werte einzuhalten. Für die Baugröße H0 beträgt die empfohlene maximale Steigung 3 %, was einem Höhengewinn von rund 3 cm auf 100 cm Fahrstrecke entspricht. Die Trassenbretter bestehen im gezeigten Beispiel aus Sperrholz mit 10 mm Stärke. Pressholzstoffe wie Span- oder MDF-Platten sind ungeeignet. Sie besitzen eine geringe Eigenstabilität, neigen zum Verzug und bringen ein hohes Gewicht mit.

Die Sperrholzplatten der Sorten Pappel oder Gabun lassen sich leicht mit den im Heimwerker-Haushalt üblichen Werkzeugen bearbeiten. Eine Stichsäge guter Qualität reicht für die Herstellung der meisten Holzteile wie Geländespanten, Trassenbretter- und Ständer aus, wenn man die richtigen Sägeblätter einsetzt. Für den Zuschnitt der Trassenbretter empfiehlt es sich, diese seitlich mit einem Böschungswinkel auszustatten. Die erforderliche Breite der Trassen variiert je nach Gleismaterial. Im Falle des Märklin-K-Gleises sind es mindestens 6 cm für die eingleisige und rund 14 cm für die zweigleisige Streckenführung ohne Oberleitung. Für den Schrägschnitt der Böschung beträgt die Mindestbreite also 8 cm beziehungsweise 16 cm an der Unterseite des Trassenbretts. Wird die Trasse aufgeständert, darf man hier den Abstand der Ständer nicht zu groß wählen. Ansonsten besteht die Gefahr, dass sich die Sperrholzplatte verbiegt, sprich durchhängt. Viele Märklin-Lokomotiven besitzen ein recht hohes Gewicht, das sollte man berücksichtigen. Der Ständerabstand beträgt idealerweise nicht mehr als 30 cm. Für größere Abstände ist es ratsam, die Trasse an der Unterseite mit verzugfreien Holzleisten zu verstärken.

Gleisbettung – selbst gemacht

Dank der technischen Möglichkeiten ist es machbar, den Gleisplan der Wunschanlage am PC oder Laptop zu erstellen, manche der Planungsprogramme erlauben sogar einen virtuellen Probebetrieb. Schwieriger ist die Übertragung des Plans auf die Trasse. Eine recht einfache Methode besteht darin, die Trassenhölzer mit Übermaß anzufertigen und gemäß den ausgelegten Gleisen deren Verlauf anzuzeichnen. Gleise mit offenem Schwellenband erfordern außerdem noch den Einbau einer Gleisbettung, die es fertig mit Schotter bestückt beispielsweise von Noch

Linke Seite: Ein sauberer Gleisbau ist Garant für einen sicheren Fahrbetrieb auf der Märklin-Anlage. Vor allem beim Einbau von Flexgleisen sollten einige Spielregeln beachtet werden.

1 Für den Bau der Trassen, Spanten und Rahmen sind Sperrholz- oder Tischlerplatten gut geeignet, passende Zuschnitte bekommt man in fast jedem Baumarkt. Ungeeignet: Span- oder MDF-Platten.

2 Bei geraden Strecken ist das Anzeichnen des Trassenrands und der Gleismitte einfach. Der Parallelgleisabstand bei zweigleisigen Strecken variiert je nach verwendetem Gleissystem.

3 Ist der Fuß der Stichsäge verstellbar, kann man das Trassenbrett gleich mit der Böschungsschräge aussägen. Der Winkel mit 45° ist nicht ganz vorbildgetreu, aber ein guter Kompromiss.

4 Mit einer Verschraubung und Verklebung der einzelnen Holzteile erreicht man eine hohe Stabilität der Konstruktion. Vollholz-Unterzüge verhindern ein Verziehen der Sperrholz-Trasse dauerhaft.

5 Einfache Mittel erleichtern die Arbeit. Hier ist es ein Kartonstreifen, der entsprechend markiert zum Anzeichnen der Gleismitte auf dem Trassenbrett dient. Das funktioniert auch im Bogen.

6 Ebenfalls hilfreich: ein Hartschaumstreifen als Bogenlineal. Der Schaumstreifen lässt sich mit Doppelklebeband fixieren, die angebrachten Markierungen kann man so zu einer Linie verbinden.

1

2

3

4

5

6

Für die erste Fixierung des Gleises auf der vorbereiteten Bettung eignen sich Stecknadeln sehr gut. Sie halten die Schienen bis zur Verklebung auch im Bogen sicher an Ort und Stelle.

Die recht massive Ausführung des K-Flexgleises von Märklin erschwert die Verlegung im Bogen, da das Gleis gern in seine Ursprungsform zurückkehren möchte. Es empfiehlt sich deshalb, das Gleis vorsichtig vorzubiegen.

Bei teilbaren Modellbahn-Anlagen muss das Gleis durchtrennt werden, was im Allgemeinen problemlos möglich ist, auch wenn wie hier der Schnitt schräg zur Gleisachse verläuft. Mit einem Filzstift wird der Schnitt angezeichnet.

Mit einem Minischleifer und einer feinen Trennscheibe, hier mit einer Stärke von 0,8 mm, ist das Durchtrennen der Schienen eine einfache Sache. Beim K-Gleis von Märklin muss auch das Mittelleiterband zerschnitten werden.

gibt. Dabei handelt es sich um einen Hartschaumstreifen, der mit Aussparungen zum Einsetzen der Gleise versehen ist. Für Weichen gibt es Platten, die man selbst zuschneiden und mit dem beiliegenden Schotter gestalten muss. Diese vor allem für die Streckengleise recht bequeme Methode hat natürlich ihren Preis. Deutlich günstiger geht es mit einer selbst gefertigten Bettung, das Einschottern wird hier vom Modellbahner selbst übernommen.
Im Baumarkt findet man Bettungs-Basismaterial in Form von Kork- oder Hartschaumplatten. Letztere sind besonders günstig und als Trittschalldämmung gedacht. Die Bettungsstreifen schneidet man mit einer Breite von rund 5 cm aus dem Plattenmaterial heraus. Auch hier werden die Seiten abgeschrägt. Für eine exakte Verlegung empfiehlt es sich außerdem, die Streifen mittig zu teilen. Die Position der Gleismitte muss natürlich auch auf dem Trassenbrett markiert sein. Als Kleber ist UHU-Por geeignet. Der Kontaktkleber muss beidseitig aufgetragen werden und einige Minuten ablüften. Da eine Sitzkorrektur nicht möglich ist, sollte das Auflegen der Streifen möglichst auf Anhieb klappen. Wer übrigens auf eine Schalldämmung Wert legt, fährt mit einer Kork-Bettung besser. Dafür dürfen die Gleise allerdings nicht mit Schrauben oder gar Nägeln befestigt sein. Hier verwendet man entweder ebenfalls UHU-Por oder fixiert die Gleise punktuell mit einem Sekundenkleber. Auch der Klebstoff beim Einschottern spielt da eine Rolle. Er muss flexibel bleiben, was nur bei speziellen Schotterklebern gegeben ist.
Bevor die Gleise ihren Platz auf der Anlage finden, sollte sich der Modellbahner ein paar grundlegende Gedanken zum Thema Anlagensteuerung machen. Voraussetzung für einen klugen Anlagenbetrieb mit einer modernen Digital-Zentrale oder dem PC ist die Belegt- oder Rückmeldung, die besetzte Gleise und damit die Zugbewegungen über spezielle Bausteine weitermeldet. Der Dreileiterbahner hat es da besonders einfach, weil einfach eine Schiene als Melder benutzt wird (siehe auch Kapitel „Kollege Computer"). Für die Trennung in isolierte Blöcke ersetzt man einfach die metallenen Schienenverbinder durch Isolierverbinder aus Kunststoff, zum Beispiel von Fleischmann. Der isolierte Schienenstrang wird über ein angelötetes Kabel mit dem Rückmelde-Baustein verbunden. Zu beachten ist, dass man an den Schienen des K-Gleises keine Lötungen herstellen kann. Als Lötpunkt muss hier immer ein Schienenverbinder vorhanden sein. Auch wer anfangs glaubt, ohne diese Einrichtung auszukommen, sollte diese isolierten Abschnitte herstellen. Es ist sehr viel einfacher, die schon eingebauten Kabel doch

nur für die Masseversorgung zu nutzen, als nachträglich eine Rückmeldung einzubauen. Die Schaltkontakt-Schienen und Reed-Kontakte sind übrigens für eine Belegtmeldung ungeeignet, da sie nur einen kurzen elektrischen Impuls liefern.

Flexgleise bändigen

Für den Bau einer längeren Strecke mit elegant geschwungenen Bögen, wie sie oft bei Paradestrecken zu finden sind, eignet sich das Flexgleis aus dem Märklin-K-Gleis-Sortiment. Mit den entsprechenden Hilfsmitteln ist die Verlegung verhältnismäßig einfach, für die immer erforderlichen Anpassungsarbeiten sollte ein Minischleifer mit einer möglichst großen und feinen Trennscheibe griffbereit sein. Die aufgepressten Schienenverbinder lassen sich nicht abziehen und erneut verwenden. Um gekürzte Flexgleise miteinander zu verbinden, benötigt man den Artikel 7595 von Märklin. Das Tütchen enthält zehn Verbindungen für das Mittelleiterband und zehn Schienenverbinder. Auf die Verwendung der Mittelleiter-Laschen sollte man aber besser verzichten. Sie werden an die Unterseite des Schwellenbands gesteckt und heben das Gleis hier zwangsläufig an. Da ist es besser, die Stromversorgung des Mittelleiters über angelötete Kabel herzustellen, was an dem Metallband aller K-Gleise problemlos funktioniert. Der Masse- oder 0-Leiter-Anschluss wird am besten über die Schienenverbinder realisiert. Leider verhält sich das Flexgleis nicht immer kooperativ. Besonders das Bestreben, immer wieder die Ausgangslage einzunehmen, kann Probleme bereiten. Zum Beispiel, wenn man das Gleisstück zur farblichen Behandlung noch einmal abnehmen möchte. Zu diesem Zweck gibt es Gleisbauklammern von verschiedenen Herstellern wie Fohrmann oder Peter Post. Mit diesen Hilfsmitteln fixiert man die beiden Schienen gegeneinander, eine Veränderung der Gleiskrümmung ist dann nicht mehr möglich. An den Enden des Flexgleises lauert noch eine weitere Falle. Das recht starke Material der Schienen und die mangelhafte Führung durch die fehlenden Kleineisen auf der jeweils letzten Schwelle sorgen dafür, dass hier auch im Bogen eigentlich immer eine Gerade vorhanden ist. Die starren Schienenverbinder tragen ein Übriges dazu bei. Es kommt mitunter sogar vor, dass sich diese ungewollte Begradigung nach dem Verlegen und Einschottern vollzieht, unschöne

! Technik im Detail

Bei abgelängten Märklin-K-Gleisen ist auch der Mittelleiter unterbrochen. Für diesen Fall finden sich spezielle Kontaktlaschen im Märklin-Sortiment (Nummer 7595), die einfach von unten angesteckt werden. Alternativ kann die Stromzuführung mit einem angelöteten Kabel wieder hergestellt werden.

1 Das Aussehen der Kunststoff-Schwellen verbessert sich durch das Aufsprühen einer sehr dunklen, schwarzbraunen Mattfarbe. Danach erfolgt die Bemalung der Schienen mit Rotbraun.

2 Die Zuführung des Bahnstroms erfolgt mit Kabeln, die an das Mittelleiterband gelötet werden. Der 0-Anschluss und die Anschlüsse für die Rückmeldung erfolgen über die Schienenverbinder.

3 Für die Einrichtung einer Rückmeldung unterteilt man am besten einen Schienenstrang in Kontaktabschnitte. Die Metall-Schienenverbinder werden dabei gegen Isolierverbinder ausgetauscht.

4 An den Schienen des K-Gleises selbst lassen sich die Kabel vom 0-Leiter oder Rückmelder nicht anlöten. An diesem Stumpfgleis dient deshalb ein Stückchen Schienenverbinder als Kontaktpunkt.

5 Für eine automatische Steuerung über Zentrale oder PC müssen Streckenblöcke erfasst werden. Die eingerichteten Rückmeldekontakte versieht man mit passenden Namen und Längenangaben.

6 In der Regel genügt eine punktuelle Verklebung der Gleise zum Beispiel mit Sekundenkleber völlig, auf das Verschrauben oder gar Nageln der Gleise sollte man möglichst verzichten.

1

2

3

4

5

6

Sprünge in der Bogenführung sind dann die Folge. Eine wirkliche Lösung gibt es leider nicht. Man kann aber Vorsorge treffen, indem man die Gleise vorsichtig in den gewünschten Bogen vorbiegt und, wo immer dies möglich ist, eine Verbindung zweier Flexgleise im Bogen vermeidet. Aufwendig, aber machbar wäre auch eine Verschiebung der Schienen, um die Verbindungen zum einen in einen anderen Bereich zu verlegen und zum anderen das Gegenüberliegen der Schienenstöße zu vermeiden. Und da der Geraden-Effekt umso stärker auftritt, je kleiner der Radius ist, sollte man, wo immer es geht, auf fertige, vorgeformte Bogenstücke zurückgreifen. Sollte der gewünschte Radius nicht erhältlich sein, kann man die Bögen in Grenzen anpassen. Dazu erhält das Mittelleiter-Metallband an der Unterseite Einschnitte mit der Trennscheibe. Nach dieser Manipulation lässt sich der Bogen den individuellen Erfordernissen anpassen.

Farbige Schienen und Schwellen

Um ein möglichst vorbildgetreues Aussehen der Gleisanlagen zu erzielen, sollte man auf eine farbliche Behandlung der Gleise, gleich welchen Herstellers, nicht verzichten. Zuerst erfolgt die Grundierung mit dunkler Farbe, am besten mit einer Airbrush-Pistole. Dabei befüllt man deren Farbbehälter mit einer sehr dunklen Mischung aus Mattschwarz und Rostbraun. Alternativ bietet sich auch eine Bastelfarbe aus der Sprühdose an. Mit wasserlöslichen Acryl-Künstlerfarben werden anschließend die Schwellen auf Altholz getrimmt. Diese Farben gibt es in preisgünstigen Sets zum Beispiel in Baumärkten und Drogerien. Die Farben Schwarz, Braun, Weiß und Ocker bürstet man mit einem fast farbleeren Borstenpinsel in verschiedenen Mischungen auf die Schwellen. Diese Vorgehensweise führt zu einem sehr dezenten Farbauftrag und einer Betonung der vorhandenen Strukturen. Um den richtigen Farbton hinzubekommen, sollte man Fotos als Vorlage verwenden. Das Ausprobieren der gewählten Farbe auf einem Reststück schadet auch nicht. Etwas langwieriger gestaltet sich das anschließende Bemalen der Schienenprofile mit rostbrauner Farbe, beispielsweise mit dem Rotbraun (Nr. XF 64) aus dem Tamiya-Sortiment. Zwangsläufig gerät dabei ab und an etwas Farbe auf die Schienenoberseite. Das spätere Entfernen des Lacks mit einem Reinigungsblock ist recht mühsam, besser ist es, die frische Farbe sofort mit dem Finger zu entfernen. Das ist zwar eine recht pragmatische Lösung, mit etwas Reiniger ist die Verschmutzung an den Händen aber leicht wieder zu entfernen. Die Farbschicht auf den Punktkontakten wird mit feinem Schleifpapier eliminiert. Das Papier mit einer Körnung 600 oder 1000 hinterlässt keine Schäden in Form von Kratzern.

Natürlich erhalten auch die Schienenprofile der Weichen eine Bemalung. Hier muss man die Farbe, vor allem im Bereich der beweglichen Weichenzungen und deren Lagerung, besonders sparsam und vorsichtig verwenden, damit nichts verklebt und somit unbrauchbar wird.

Das Lackieren der Gleise erledigt man am besten, bevor diese auf der Anlage montiert sind. Kleinere Schäden, die beim späteren Verlegen zum Beispiel an den Schienenverbindern entstehen können, sind mit dem Pinsel schnell korrigiert.

Mit gekonnt verbauten Flexgleisen lassen sich elegante und im leichten Bogen geführte Strecken am besten realisieren.

Weichenstellung

Servo-Antriebe haben sich in anderen Modellbaubereichen mit Fernsteuerung bestens bewährt. Durch den Einbau dieser elektronischen Helfer lassen sich auch Weichenantriebe optimieren. Entsprechende Decoder erlauben anschließend das komfortable Schalten der Weichen.

Ein Schwachpunkt vieler Gleissysteme sind die Weichen beziehungsweise deren Antriebe. Das K-Gleis macht da leider keine Ausnahme. Die Elektrospulenantriebe sind schwach, unzuverlässig und neigen gern auch mal zum Totalausfall. Die in der Regel seitlich ansteckbaren Antriebe sind zudem kein schöner Anblick, die umgedrehte Montage eher Behelf als Lösung. Ärger kann es auch mit dem Stellmechanismus der Weiche selbst geben, wenn Schotter ins Spiel kommt. Der hierbei verwendete Kleber setzt die Weiche schnell außer Gefecht, aller Vorsicht zum Trotz. Streng genommen dürfte im Weichenbereich überhaupt kein Schotter verwendet werden, ein für den vorbildorientierten Modellbahner kaum gangbarer Weg. Mit den Problemschilderungen und Lösungsansätzen zum Beispiel in den einschlägigen Internet-Foren könnte man ganze Bücher füllen. Auch in unserer Modellbahn-Werkstatt haben wir uns mit diesem Thema beschäftigt.

Servos helfen zuverlässig

Die jahrelangen Erfahrungen zeigen, dass es für einen zuverlässigen, kräftigen und preisgünstigen Weichenantrieb nur eine Lösung gibt: kleine, elektronisch gesteuerte Getriebemotoren, so genannte Servos. Diese Helfer versehen im ferngesteuerten Modellbau seit Jahrzehnten ihren Dienst. Was also liegt näher, als diese robusten Stellantriebe für die

Dank moderner Stelleinrichtungen läuft der Fahrbetrieb störungsfrei. Unsichtbar im Untergrund werden Weichen und Signale zuverlässig betätigt.

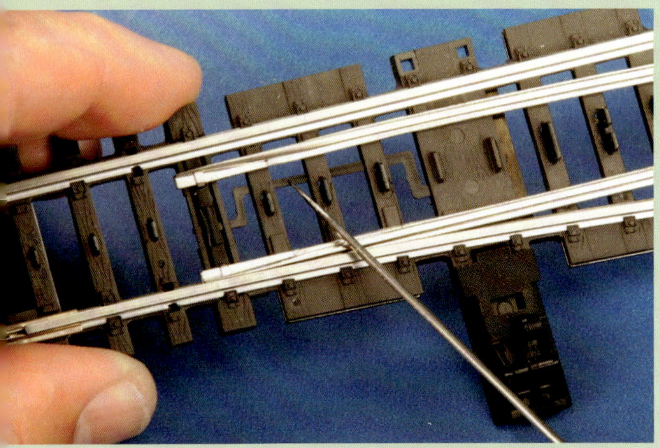

Viele Modellbahn-Weichen besitzen mechanische Bauteile, die recht empfindlich sind. Bei den K-Gleis-Weichen darf im Bereich der dünnen Stellstange kein Schotter verwendet werden.

Für den Unterflur-Antrieb mittels Stell-Servo ist die so genannte Stellschwelle der richtige Angriffspunkt. Für das Durchführen des Stelldrahts erhält die Schwelle eine 0,8 mm starke Bohrung.

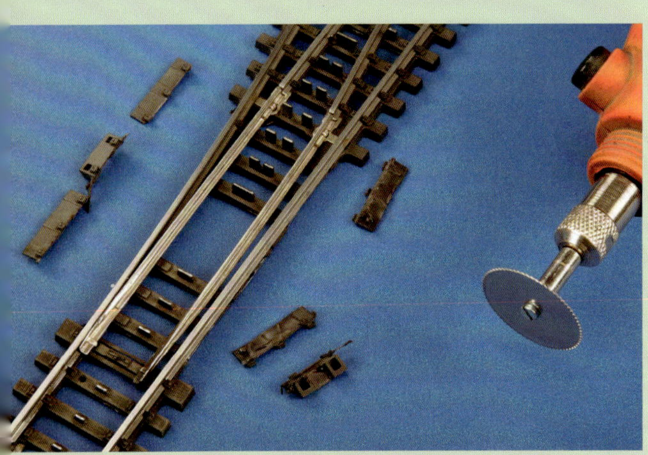

Die seitlichen Halterungen für den originalen Elektroantrieb werden nicht mehr benötigt und entfernt. Die Leerstellen füllt man später mit Schwellenenden auf, die mit etwas Sekundenkleber befestigt werden.

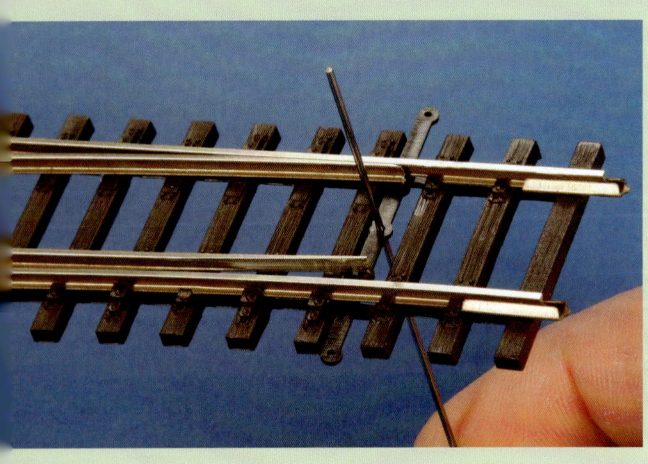

Der später verwendete Stelldraht sollte nicht stärker als 0,8 mm sein. Durch die Federwirkung des feinen Stahldrahts ist bei der richtigen Einstellung ein Aufschneiden der Weichen noch möglich.

Modellbahn zu adaptieren? Ob Weichen, Signale, Schuppentore oder selbst Wasserkräne, alles kann auf diese Weise recht einfach in Bewegung gesetzt werden. Es wird lediglich ein spezieller Steuerbaustein beziehungsweise Decoder benötigt, der den Tasten- oder Digitalbefehl in die gewünschte Aktion umsetzt. Solche Servo-Decoder waren zunächst nur bei Kleinproduzenten erhältlich, doch mittlerweile hat fast jeder namhafte Zubehörhersteller solche Geräte im Programm. Neben der zuverlässigen Technik ist auch der Preis interessant. Je nach Decoder-Hersteller und verwendetem Servo liegt der Preis für einen Weichenantrieb bei rund 10 bis 15 Euro. Für einen digitalen, programmierbaren, leisen und zuverlässigen Antrieb, wohlgemerkt. Dieser Betrag ist ansonsten schon für den herkömmlichen Spulenantrieb fällig.

K-Gleis-Weichen – optimiert

Der Einbau der Servo-Antriebe gestaltet sich zwar je nach verwendetem Gleissystem unterschiedlich, für den versierten Bastler ist er aber leicht zu bewerkstelligen. Bester Angriffspunkt für die Weichenstellung ist die Stellschwelle, also das Bauteil, das die beiden Weichenzungen miteinander verbindet und bewegt. Damit umgeht man auch die unzulängliche Weichenmechanik im Inneren. Grundsätzlich funktioniert der Servo-Antrieb wie folgt: Der Stellhebel des Servos wird mit einem Stelldraht bestückt und dieser durch eine Bohrung in der Stellschwelle gefädelt. Die Befestigung des Antriebs erfolgt von unten am Trassenbrett. Demzufolge steht also als Erstes das Durchbohren der Stellschwelle auf dem Programm. Damit der Stelldraht später eine gewisse Federwirkung besitzt, sollte er nicht mehr als 0,5 mm stark sein. Eine Bohrung mit 0,6 bis 0,8 mm Durchmesser in der Stellschwelle genügt also. Bei den K-Gleis-Weichen verwehrt allerdings der Blechstreifen des Mittelleiterbandes den Zugriff von unten. Mit einer feinen Trennscheibe im Minischleifer schneidet man deshalb ein etwa 6 mm breites Stückchen mittig aus dem Metallband heraus. Die Schnittkanten müssen danach unbedingt sorgfältig geglättet werden, ansonsten besteht die Gefahr, dass die Stellschwelle nicht sauber läuft und bisweilen hakt. Nach dem Durchbohren der Stellschwelle muss die Weiche an ihren Einsatzort gelegt werden, denn auch das Trassenbrett benötigt für die Durchführung des Stelldrahts eine Bohrung. Mit der positionierten Weiche ist das Anzeichnen der Bohrung eine einfache Sache. Hier genügt eine Stärke von rund 4 mm. Eine Minifräse erweitert die Bohrung danach zu einem Schlitz von etwa 10 mm Länge. Das bietet dem Stelldraht genügend Platz für die notwendige Hin- und Herbewegung. Die meisten Vorbereitungen wären damit auch erledigt.

Vor dem Einbau kann man das Aussehen der K-Gleis-Weichen noch deutlich verbessern. Besonders die großen seitlichen Anbauschlitze für den Spulenantrieb sind jetzt überflüssig, dasselbe gilt für den mittleren Schacht, der die Umlenkung beherbergt hat. Mit einer feinen Trennscheibe sind diese Kunststoffteile schnell abgeschnitten. Die Anbauschächte werden nach dem Einbau der Weiche einfach durch Schwellen-Enden ersetzt, die man aus einem Stück Restgleis gewinnen kann. Das Auffüllen des mittigen Lochs ist etwas kniffliger, denn die hier einzusetzenden Schwellen müssen mit den Mittelleiter-Punktkontakten versehen sein, die an dieser Stelle auch noch höher sind als die Punktkontakte eines normalen Gleisstücks. Letztlich finden sich diese hohen Kontakte nur im Metallband der Weichen. Einige ausgemusterte Exemplare aus einem Anlagen-Rückbau mussten deshalb als Spender dienen. Bastelmaterial zum Ausschlachten findet man bisweilen für kleines Geld auch im Internet. Mit dem Metallband einer Weiche können drei andere optimiert werden. Das einzusetzende Metallstück bringt man mit dem Minischleifer in die passende Form. Es lässt sich sehr gut verlöten und auf diese Weise auch befestigen. So werden auch die beiden neuen Punktkontakte mit Fahrspannung versorgt. Das Einsatzteil sollte beim Löten aber nur kurz und gezielt erwärmt werden, da ansonsten die beiden Kunststoffschwellen auf der Oberseite schmilzen. Die beschriebenen Arbeiten mögen zugegebenermaßen ein wenig fummelig sein, doch nach dem Einbau und Schottern wird man mit einem viel vorbildgetreueren Aussehen der Weiche dafür belohnt.

Weichenantrieb – selbst gebaut

Als Nächstes steht das Herrichten der Servo-Antriebe auf dem Programm. Auf der Einkaufsliste stehen die Modellbau-Servos selbst, einige Stücke Federstahldraht mit 0,8 mm Stärke, ein Kunststoff-L-Profil (Kantenschutz) aus dem Baumarkt, Kunststoff-Gabelköpfe und ein Bowdenzug aus dem Modellbaugeschäft. Für den schon erwähnten 0,5 mm starken Stelldraht eignet sich der Fahrdraht aus dem Faller-

1 Die Servo-Antriebe haben sich seit Jahrzehnten im ferngesteuerten Modellbau bewährt. Sie sind leise, robust und zuverlässig.

2 Für einen Weichenantrieb benötigt man neben dem Servo selbst noch Ruderhörner, Gabelköpfe und einen Modellbau-Bowdenzug. Für den Stelldraht kommt hier der 0,5 mm starke Stahldraht aus dem Faller-Car-System zum Einsatz.

3 Als Halterung für den Antrieb findet ein Kunststoff-L-Profil aus dem Baumarkt Verwendung. Der Servo wird in einen passend gefertigten Ausschnitt gesetzt und verschraubt.

4 Mit einer Schlaufe in der Stellstange erreicht man eine gewisse Federwirkung des Antriebs, der sich so auch sehr exakt einstellen lässt. Die Enden werden mit kleinen Hülsen bestückt.

5 Auf die mit Hülsen versehenen Enden der Stellstange werden die Gabelköpfe aufgeschoben. Sie ermöglichen eine spielfreie Kraftübertragung und einfache Grundeinstellung der Antriebseinheit.

6 So sieht die zweiteilige Variante des Selbstbau-Weichenantriebs aus. Das rechte Stellelement findet unter der Weiche Platz. Der linke Antriebsteil kann in einiger Entfernung montiert werden.

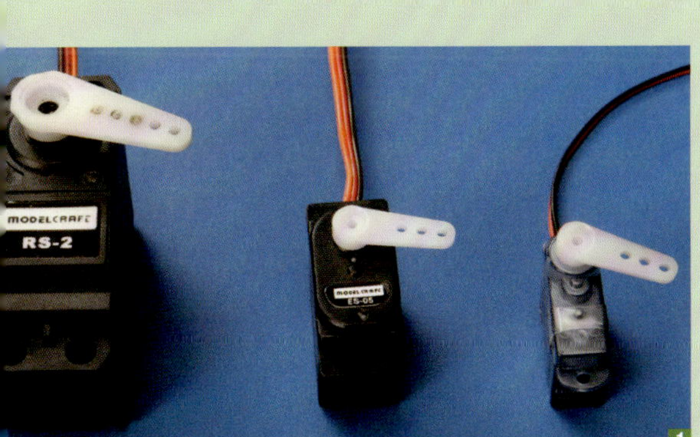
1

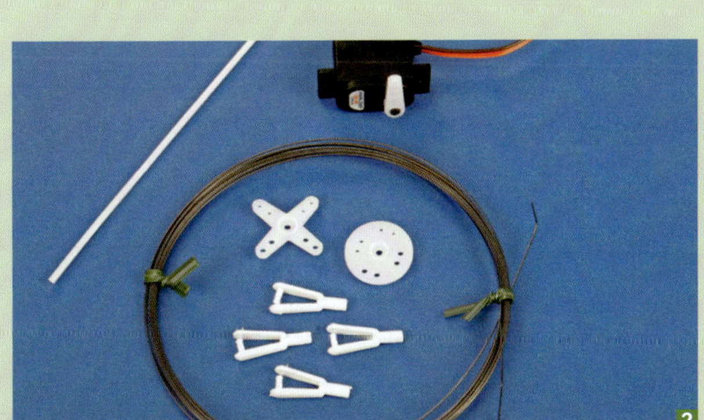
2

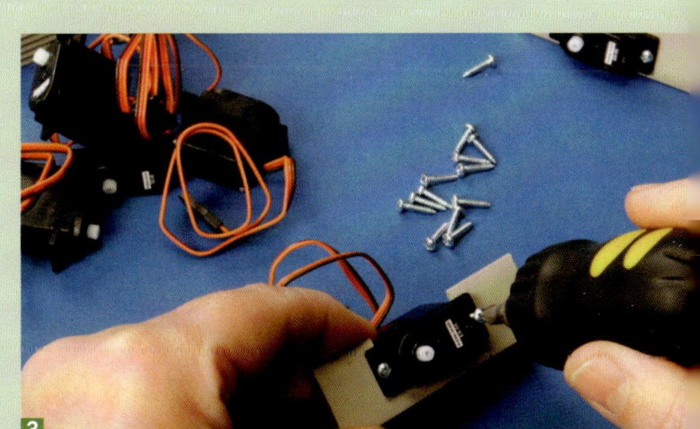
3

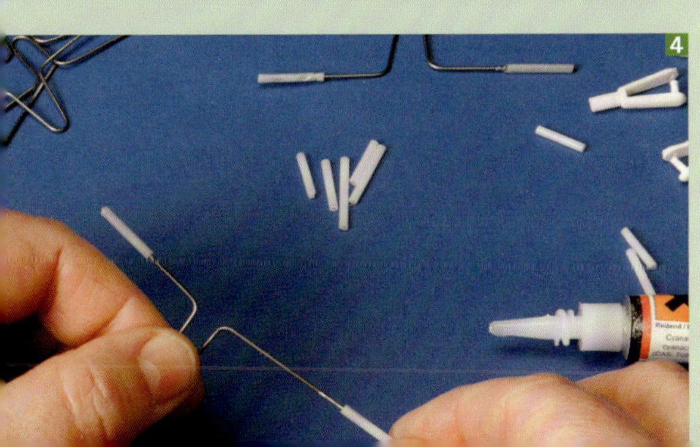
4

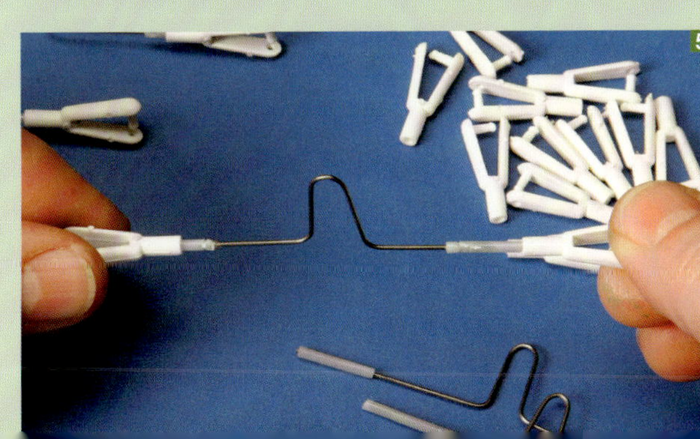
5

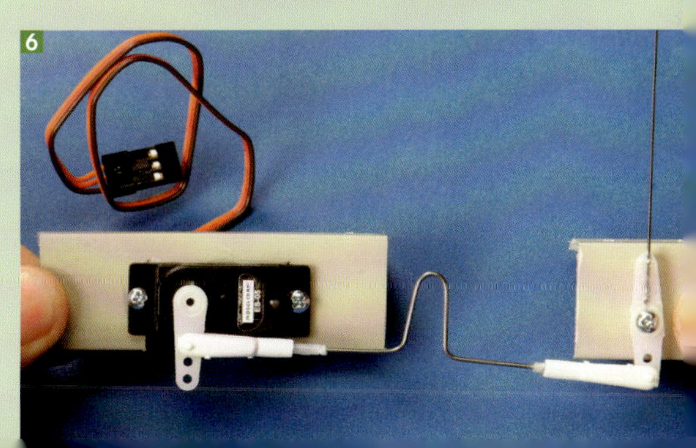
6

Car-System am besten. Er ist nicht zu hart und dunkel brüniert. Für die recht geringen Stellkräfte genügen Servos der Mini-Reihe wie etwa das ES-05 von Conrad Electronic. Am einfachsten wäre es natürlich, den mit dem Stelldraht ausgerüsteten Servo einfach mit Doppelklebeband von unten am Trassenbrett zu befestigen. Das hat allerdings Nachteile, die sich erst im Laufe der Zeit zeigen. Zum einen kann das Klebeband selbst versagen. Selbst Antriebe, die zu Anfang bombenfest sitzen und sich nicht mehr lösen lassen, fallen bisweilen nach einer gewissen Zeit einfach ab. Keine große Sache, aber ärgerlich, weil der Antrieb unter Umständen neu justiert werden muss. Der Stellweg ist außerdem bei dieser Befestigung sehr gering. Preisgünstige Servos neigen da zu Ungenauigkeiten, was ebenfalls ein häufiges Nachjustieren mit sich bringt. Besser ist es, dem Servo etwas Arbeitsweg zur Verfügung zu stellen. Zu diesem Zweck fertigt man aus dem L-Profil etwa 8 cm lange Halter für den Antrieb. In einer passend gefertigten Aussparung kann der Servo mit kleinen Schrauben befestigt werden.

Zum Lieferumfang der Servos gehören verschiedene Ruderhörner, aus dem Kreuz entsteht durch Abkneifen zweier Arme ein gerader Ruderhebel. Mit Sekundenkleber wird dann an der oberen Hälfte des Hebels der Stelldraht befestigt, etwas Micro-Füllpulver verstärkt die Klebung. Den Hebel befestigt man dann mit einer Schraube am L-Profil, möglichst weit vom Servo entfernt. Eine Verbindungsstange lässt sich aus dem 0,8 mm starken Federstahldraht fertigen. Ungewollte Servo-Bewegungen, die beim Einschalten mancher Decoder vorkommen können, federt eine zusätzliche Schlaufe in der Verbindungsstange ab. Kleine Stückchen des Bowdenzug-Innenteils und die aufgeschobenen Gabelköpfe komplettieren die Stellstange. Der große Vorteil dieses Antriebskonzeptes besteht in der Sicherheit dank Federschlaufe und der Möglichkeit einer sehr exakten Justierung. Installiert man statt des geraden Ruderhebels einen 90°-Winkel, ist der Antrieb auch für Formsignale geeignet. Bei beengten Platzverhältnissen kann der Halter auch geteilt werden, Servo und Stellhebel werden hierbei getrennt voneinander montiert. Den Antriebshalter befestigt man am besten mit kleinen Schrauben an der Trassenbrett-Unterseite. Ist die auszurüstende Weiche schon an ihrem Ort, muss der Stelldraht von unten eingefädelt werden. Umgekehrt kann man auch die Weiche auf den herausstehenden Draht aufsetzen. Sinnvoll ist

1 Wie aus diesem Musteraufbau ersichtlich, wird das Stellelement direkt unter der Stellschwelle montiert. Für die Montage des Kunststoffwinkels genügt ein starkes Doppelklebeband.

2 Der Servo-Weichenantrieb lässt sich auch einteilig gestalten. Seine Montage unter dem Trassenbrett verlangt Bewegungsfreiheit. Für einen leichten Lauf muss der Stelldraht genau ausgerichtet sein.

3 Nach dem Einfädeln des Stelldrahts kann der Antrieb von unten befestigt werden. Der leichte Lauf der Weichenzungen lässt sich zunächst auch händisch überprüfen.

4 Für die Durchführung des Stelldrahts muss eine Öffnung im Trassenbrett vorhanden sein. Für die anzufertigende Bohrung wird die Position der Stellschwelle angezeichnet.

5 Hier haben schon die Antriebe mehrerer Weichen ihren Platz unter der Anlage gefunden. Die zweiteilige Ausführung der Stelleinrichtungen erlaubt eine recht variable Verteilung der Antriebe.

6 Nach dem hoffentlich bestandenen Funktionstest gehört das Kürzen des Stelldrahts zu den letzten Arbeitsschritten. Hier leistet ein Minischleifer mit Trennscheibe gute Dienste.

1

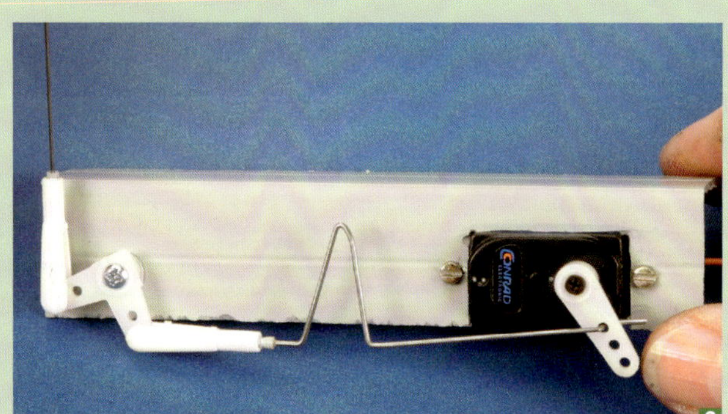
2

3

4

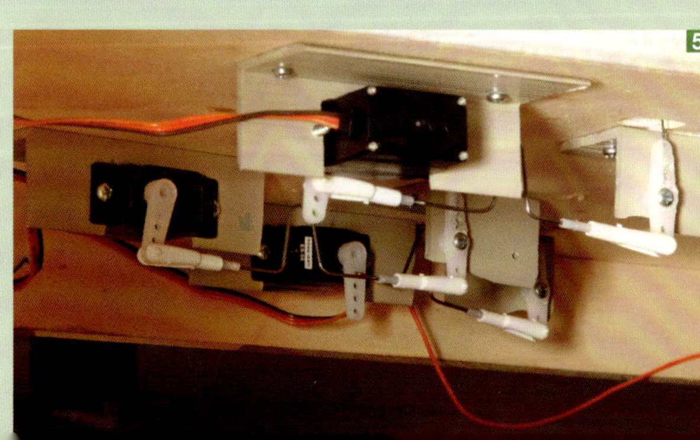
5

6

es auf jeden Fall, den Schlitz im Trassenbrett vorher noch mit Klebebandstreifen abzudecken. Mit einem Anstrich der Streifen in schottergrauer Farbe ist diese Stelle perfekt getarnt.

Decoder mit Bedien-Komfort

Die benötigten Servo-Decoder bieten meist Platz für den Anschluss von vier Servos, außerdem gibt es mit Schaltkontakten bestückte Varianten für eine Lagenrückmeldung oder für die Herzstück-Polarisation. Für unsere K-Gleis-Anlage ist beides nicht erforderlich. Ein sehr preisgünstiger Decoder findet sich unter der Bezeichnung S8 DCC/Mot im Angebot von Claus Ilchmann unter shop.modellautobahnen.de. Die Elektronik ist als Fertiggerät oder Bausatz erhältlich und steuert acht Servo-Antriebe. Dank der sehr gut bebilderten Bauanleitung ist für den Zusammenbau kein Expertenwissen erforderlich. Dieser Decoder ist sowohl für das DCC- als auch Motorola-Datenformat geeignet. Ist Letzteres gewünscht, muss gemäß der Anleitung unbedingt eine kleine Drahtbrücke auf der Platinen-Rückseite gesetzt werden. Nicht unerwähnt soll bleiben, dass der Baustein mit einer separat erhältlichen Vorsatzplatine auch für den Analog-Bahner verwendbar ist. Im Gegensatz zu Produkten anderer Anbieter wird der Baustein mit einem kleinen PC-Programm eingestellt, das quasi selbsterklärend ist. Für die Anbindung an PC- oder Laptop besitzt die Elektronik eine RS-232-Schnittstelle. Diese ist bei den meisten aktuellen Rechnern nicht mehr vorhanden, für den Anschluss an eine USB-Schnittstelle gibt es aber Adapter. Nach dem Start der Software „Servo-Programmer" meldet diese, wenn alles richtig installiert ist, den Verbindungsaufbau zum Decoder. In den Arbeitsfenstern können die Einstellungen des Servo-Antriebs, wie Verwendungszweck, Digital-Adresse, Stellgeschwindigkeit und Arbeitsweg, komfortabel angepasst werden. In den meisten Fällen wird man den Decoder nicht so einbauen können, dass alle Servo-Antriebe direkt Anschluss finden. Mit Stift- und Buchsenleisten und dreipoligem Kabel aus dem Elektronikhandel lassen sich jedoch entsprechende Verlängerungskabel leicht herstellen.

Vor der ersten Inbetriebnahme empfiehlt es sich auch, den Ruderarm des Servos abzuziehen und diesen erst wieder zu montieren, wenn der Antrieb seine voreingestellte Ruheposition eingenommen hat. Nach den Einstellarbeiten sollten sich die Antriebe auch unter der vergebenen Adresse mit der Digital-Zentrale schalten lassen.

Servo einstellen

Für die Steuerung der Servo-Antriebe ist ein spezieller Baustein erforderlich, der mittlerweile bei vielen Anbietern erhältlich ist. Die hier verwendete Elektronik stammt aus dem Programm von Claus Ilchmann.

Gut erreichbar für die nachfolgenden Anschlussarbeiten haben wir den Baustein auf der Anlagen-Rückseite montiert. Der Servo-Decoder S8 DCC/MOT ist in der Lage, bis zu acht Servo-Antriebe zu steuern.

Die Programmierung der Arbeitswege, Geschwindigkeiten und Adressen erfolgt mittels PC. Für die Verbindung der Schnittstelle RS 232 auf USB gibt es günstige Adapter, zum Beispiel bei Conrad.

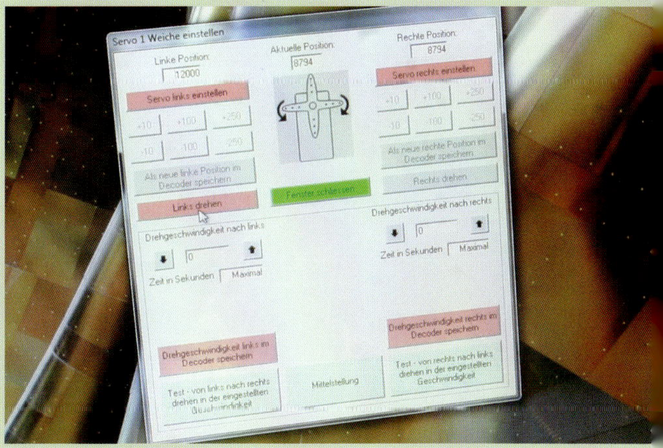

Das kleine PC-Programm Servo-Programmer ist schnell installiert und selbsterklärend. Hier können alle Parameter des Antriebs wie Einsatzzweck, Adresse oder Stellgeschwindigkeit einfach eingestellt werden.

Litze und Leitung

Auf dem Bahnhofsareal unserer Anlage sollen in puncto Stellwerkstechnik wie beim Vorbild hauptsächlich Blechkanäle nachgebildet werden. Dem Bastler dürfte dies durchaus willkommen sein, denn das Verlegen der Kanäle ist viel einfacher als der Nachbau einer oberirdischen Drahtführung. Bei vorbildgerechter Ausrichtung der Blechkanäle profitiert das Erscheinungsbild der Anlage in großem Maße. Passende Stellwerksgebäude ergänzen die Szenerie.

Schon in der Frühzeit der Eisenbahn kamen Signale zum Einsatz. Das handbediente System mit optischer Nachrichtenübertragung zwischen den Signalwärtern stieß aber schnell an seine Grenzen. Die ständige Weiterentwicklung führte bald zu zentralen Stellwerken. Eines der ersten mechanischen Stellwerke in Deutschland ging 1867 in Stettin in Betrieb. Nach englischem Vorbild wurden zunächst Gestängeleitungen verwendet, deren Längenausgleich sich bei Temperatur-Schwankungen als aufwendig erwies. Durchsetzen konnten sich die Drahtzugleitungen, die mit Hilfe von Spannwerken ganz einfach auf Zug gehalten wurden. Zwischen Stellwerk, Weiche oder Signal bildet der Drahtzug eine geschlossene Schlaufe, Drahtbruch-Sicherungen in den Antrieben ließen die zu stellende Einrichtung bei einem Seilriss in eine definierte Stellung fallen, dann zeigte ein Signal zum Beispiel das Rotlicht beziehungweise Fahrverbot. Die maximale Länge einer Drahtzugleitung betrug rund 1800 m. Vereinzelt ist diese klassische Stellwerkstechnik noch heute anzutreffen, wenngleich die Zahl der Einsatzstellen aufgrund der Umrüstung auf elektronische Systeme rasant schrumpft. Wer sich also die urtümliche Technik im Großen anschauen will, sollte sich sputen.

Der zentrale Punkt

Dank entsprechender Materialien kann man sich ein mechanisches Stellwerk, zwar nicht funktionstüchtig, aber optisch wirkungsvoll, auf der Anlage einrichten. Die Gleisanlagen erhalten durch Drahtzüge, Antriebskästen und Blechkanäle das gewisse Etwas. Wie beim Vorbild ist das Stellwerksgebäude der zentrale Punkt, von dem aus die Drahtzugleitungen zu den Weichen, Signalen und Sperren verlaufen. Die notwendige Einsehbarkeit des Bahnhofs- oder Rangierareals war aber selten von einer Stelle aus gegeben. Deshalb verfügten auch kleinere Bahnanlagen meist über mehrere Stellwerke. Neben dem Befehlsstellwerk, in dem der Fahrdienstleiter den Bahnverkehr regelte, konnten dies ein oder mehrere Wärter- und Rangierstellwerke sein. Auch auf unserer Anlage ist das Bahnhofsgelände mit seinen Gleisanlagen im Bogen sehr schwierig zu überblicken, weshalb jeder Bahnhofskopf mit einem Stellwerk ausgerüstet wird. Stellwerksgebäude gibt es für die Baugröße H0 in vielfältiger Auswahl. Als Befehlsstellwerk kommt das Modell „Nürnberg" aus dem Vollmer-Sortiment zum Einsatz. Es besitzt die richtige Größe und fügt sich mit der recht schlichten Gestaltung gut in die Umgebung ein. Im Untergeschoss befindet sich der Spannwerksraum. Eine Aufstellung dieser Einrichtungen im Außenbereich ist also nicht erforderlich. Um eine besondere Bauart handelt es sich beim zweiten Stellwerk. Es ist ein „Behelfsstellwerk", bei dem der aufgeständerte Kasten eines Personenwagens als Dienstraum fungiert. Auf diese Weise ersetzte man bei der Bahn durch Kriegseinwirkung zerstörte Gebäude, um den Betrieb wieder möglichst schnell ins Rollen zu bringen. Einige dieser recht provisorisch wirkenden Bauten wurden allerdings nie ersetzt und blieben bis weit in die 1980er Jahre erhalten. Ein entsprechendes Modell, bestehend aus dem Aufbau eines zweiachsigen Personenwagens, der auf Metallstützen gesetzt wurde, gab es unter anderem von Märklin. Der Artikel mit der Nummer 42355 ist zwar nicht mehr im Programm, im Handel aber oft noch erhältlich. Für die Inneneinrichtung der Stellwerke bietet sich ein Faller-Set an. Es enthält eine Hebelbank, Stelltische und anderes Zubehör. Die „Gruppenablenkung", in der die Drahtzüge das Stellwerksgebäude verlassen und in die gewünschten Richtungen geführt werden, entsteht im Eigenbau. Es handelt sich um eine in den Untergrund eingearbeitete Grube, die beispielsweise mit Ziegeln eingefasst wurde. Die im Inneren befindlichen Gestelle mit den Umlenkrollen schützte man mit einer Holzbohlen- oder Blechplatten-Abdeckung vor Witterungseinflüssen. Für die Modellbahn dienen Ziegelwandstreifen aus der Restekiste als Umrandung. Aus dünnen Furnierholz-Streifen oder Riffelblech-Nachbildungen ist eine Abdeckung schnell hergestellt. Von dieser Grube aus verlaufen die Drahtzüge zu den zu stellenden Einrichtungen.

Die einfachste Lösung anstreben

Für die Verlegung der Drahtzüge sollte man beachten, dass man beim Vorbild immer bestrebt war, die einfachste und damit kostengünstigste Lösung umzusetzen. So wurde die oberirdische, mit Umlenk- und Druckrollen ausgestattete Verlegung der Drahtzüge bevorzugt eingesetzt, da sie bei Reparatur- und Wartungsarbeiten eine leichtere Zugänglichkeit gewährleistete. Die andere Variante bestand aus der unterirdischen Führung der Drahtzüge in Blech- oder Betonkanälen, wobei letztere zugunsten der einfacheren Blechvariante keine große Verbreitung fanden. Die verdeckte Verlegung kam bei Gleisquerungen zur Verwendung und überall dort, wo die oberirdische Drahtführung eine Unfallgefahr für das Personal bedeutet hätte. Gleisquerungen wurden so wenig wie möglich eingesetzt, die Leitungen sollten

Linke Seite: Ein mehrgleisiger Bahnhof von oben. Deutlich erkennbar zeichnen sich die Blechkanäle für die Stelldrähte des mechanischen Stellwerks ab. Solches Zubehör erhöht den realistischen Eindruck ungemein, wenn die Anlage in den Epochen II bis IV spielt.

Stelldrähte
Auch heute sind noch Elemente des mechanischen Stellwerks anzutreffen, wie hier in Hamburg-Eidelstedt: Stelldrähte, Umlenkrollen sowie Blechkanäle.

Mit feinen Weichenlaternen, Rollenhaltern, Spannwerken, Beton- und Blechkanälen bietet Auhagen die derzeit größte Auswahl an Stellwerks-Bauteilen aus Kunststoff. Nach einer vorbildgemäßen Lackierung sind die Teile einsatzbereit.

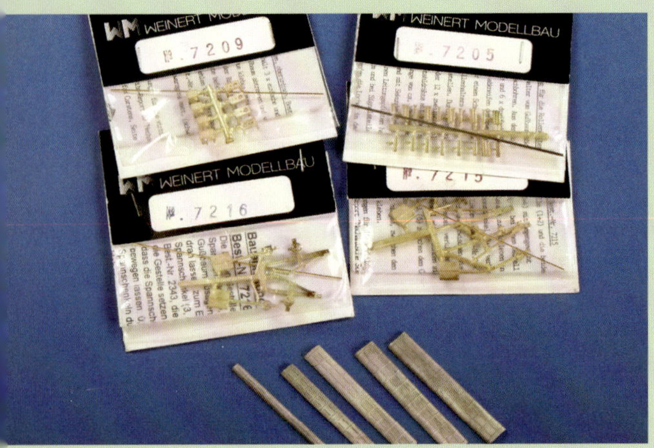

Die Stellwerks-Elemente von Weinert bestehen aus Metall und sind teils recht anspruchsvolle Bausätze. Im reichhaltigen Angebot findet sich für jede Einbausituation das passende Teil.

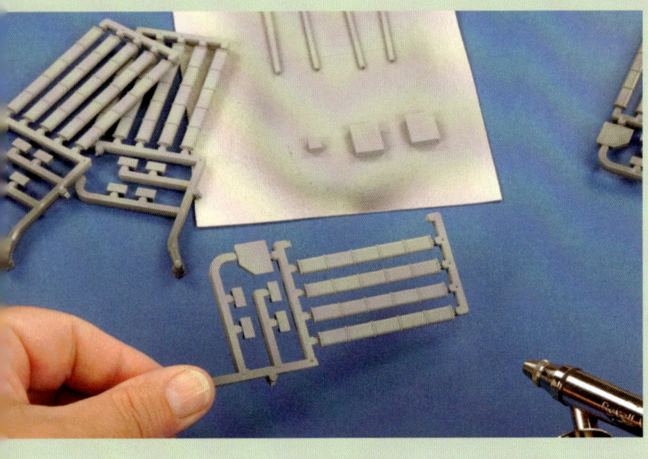

Mit Pinsel oder Spritzpistole sollten die Stellwerksteile vor der Montage eine authentische Farbgebung erhalten. Fotos aus der Fachliteratur oder dem Internet bieten die besten Vorlagen.

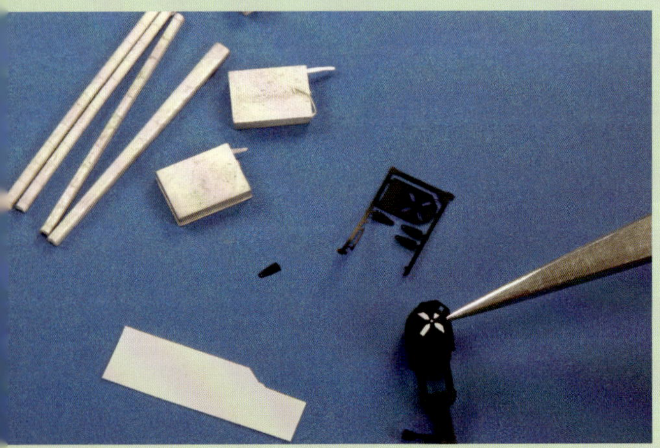

Eine Weichenlaterne für Doppelte Kreuzungsweichen (DKW) findet sich im Weinert-Programm. Die Signalflügel sind leider fest montiert, eine Beleuchtung kann jedoch eingesetzt werden.

außerdem so kurz wie möglich gehalten werden. Wenn der Modellbahner diese Grundregeln beherzigt, ist die Planung der Leitungsführung auf der Anlage eine recht einfache Angelegenheit.
Mit den Nachbildungen der Stellwerks-Elemente wie Spannwerke, Rollenhalter, Blechkanäle und Weichenantriebe ist ein sehr exakter Nachbau im Kleinen möglich. Viele Anregungen und Informationen hierzu finden sich in den Ausgaben des MIBA-Reports „Mechanische Stellwerke 1 und 2" von Stefan Carstens. Mit vielen Zeichnungen und Fotos werden die Funktion und Aufstellung der Stellwerks-Elemente aufgezeigt. Die erforderlichen Bauteile finden sich in den Sortimenten von Weinert, Auhagen und Vollmer. Die Produkte von Weinert sind aus Metall, meist Messing- und Weißmetall-Schleuderguss, gefertigt. Bei den Blechkanälen, Umlenk- und Antriebskästen genügt ein Abschleifen der Angussstellen und eine Lackierung. Bauteile wie Spannwerke, Rollenhalter oder Druckrollenkästen sind kleine Bausätze, deren Zusammenbau Geduld und Fingerfertigkeit verlangt. Gleiches gilt auch für die sehr feinen Weichenlaternen, die auch für Doppelte Kreuzungsweichen erhältlich sind. Die Teile von Auhagen bestehen dagegen aus Kunststoff. Zum Programm dieses Zubehörherstellers gehören Spannwerke, Blech- und Betonkanäle, Rollenhalter und Weichenlaternen. Bei diesen Bauteilen genügt eine authentische Lackierung. Den Rollenkästen von Auhagen fehlt allerdings die typische, geriffelte Oberfläche. Mit feinem Riffel- oder Rautenblech von FKS-Modellbau kann man das Aussehen dieser Bauteile noch deutlich verbessern. Beachten sollte man, dass Teile wie die Kastenspannwerke Nachbildungen nach DR-Vorbild sind. Ein paar Stellwerksteile wie Spannwerke oder Rollenhalter finden sich auch in der Vollmer-Packung „Bahnausstattung". Allerdings kommt man mit den wenigen Teilen nicht sehr weit, zudem sind sie recht grob dargestellt.

Blechkanäle, offene Leitungen

Auf unserem im Bau befindlichen Bahnhofsareal werden hauptsächlich Blechkanäle verlegt. Das Verlegen der Kanäle ist unkomplizierter als der Nachbau einer oberirdischen Drahtführung. Etwas Planung schadet natürlich nicht. Am besten bewaffnet man sich mit Lineal und Stift und zeichnet den möglichen Leitungsverlauf auf das Gleisfeld. Auf diese Weise wird schnell klar, welcher Aufstellungsort für die Stellwerke möglich und sinnvoll ist. Die Nachbildungen der Blechhauben klebt man einfach mitsamt den dazugehörigen Rollen- und Umlenkkästen auf den Untergrund. Für die vorherige Lackierung der Bauteile kommen graue Farben wie XF 19, XF 53 und XF 54 von Tamiya in Frage. Die Zugabe von etwas Silber- oder Aluminiumfarbe sorgt für den Metallic-Effekt der beim Vorbild aus verzinkten Blechen hergestellten Kanäle. Eine Gleisquerung lässt sich beim Zweileitergleis recht einfach realisieren. Die Nachbildung des Blechkanals wird ganz einfach zwischen zwei Schwellen platziert. Genügt der Schwellenabstand dafür nicht, kann man die Schwellen nach dem Zerschneiden des Schwellenbandes ein wenig verschieben. Bei der Verwendung der Weinert-Metallteile ist darauf zu achten, dass man die Schienen nicht versehentlich verbindet und dadurch einen Kurzschluss provoziert. Etwas schwieriger ist die Unterquerung beim K-Gleis von Märklin. Auch hier kann man die Schwellen nach dem Trennen der Verbindungsstege verschieben. Allerdings muss hierfür auch das an der Gleisunterseite befindliche Metallband des Mittelleiters zerschnitten werden. Durch das Auflöten eines Drahts oder Kupferblechs lässt sich der Stromfluss aber wieder herstellen. Dabei muss man bei der Verwendung der Metall-Kanäle wiederum etwas Vorsicht walten lassen. Bei einer ungünstigen Platzierung kann hier schnell ein Kurzschluss entstehen. Es sollte also genügend Abstand zu den stromführenden Schienen und gegebenenfalls zum Mittelleiter vorhanden sein. Die Kanal Nachbildungen von Auhagen bestehen aus Kunststoff, das Berühren der Metallteile bleibt folgenlos. Grundsätzlich richtet sich die Breite der Blechhauben nach der Anzahl der unterzubringenden Drahtzüge. Im Auhagen-Sortiment gibt es nur eine Bauart, die in etwa der Größe III für bis zu sechs Doppelleitungen entspricht. Die Nachbildungen von Weinert sind in den Größen I-VI erhältlich. Die Entscheidung, ob es um einen akribischen Nachbau oder um den guten optischen Gesamteindruck geht, muss jeder Anlagenbauer selbst treffen.

Auf unserer Anlage haben wir mit den Weichen und Signalen nur die Grundausstattung umgesetzt. Mit dem Einbau weiterer Details wie etwa Riegelkästen für die Weichen, Gleissperren und Gleissperrsignalen kämen noch viele Leitungen dazu. Auch bei einer nicht allzu großen Modellbahnanlage hat man da schnell einige Meter an Leitungskanälen zusammen. Eine optisch recht überzeugende Nachbildung kann man aber auch selbst basteln. Benötigt werden dazu dünne Aluminiumrohre aus dem Modellbau-

1 Den Umlenk- und Druckrollenkästen von Auhagen fehlt die geriffelte Oberfläche des Vorbilds. Mit feinen Riffelblech-Platten von FKS-Modellbau kann man das Aussehen schnell verbessern.

2 Die recht flach ausgeführten Kästen und Kanäle von Auhagen werden mit dünnem Balsaholz etwas erhöht. Das erleichtert die spätere Gestaltung des Umfelds mit Schotter und Sandmaterial.

3 Aus dünnem Alu-Rohr und Draht kann man Blechkanäle für die unterirdische Drahtführung auch selbst herstellen. Die aufgedrillten Drahtringe imitieren hier die Sicken in der Blechabdeckung.

4 Die Leitungslängen und der Bedarf an Einzelteilen lassen sich mit der Planung der Drahtführung ermitteln.

5 Flügelsignale gehören zu den Stellwerks-Elementen, die per Drahtzug betätigt werden. Feine Fertigmodelle gibt es von Viessmann, Bausätze sind bei Conrad, Voelkner und Weinert erhältlich.

6 Bei der Wahl der Aufstellungsorte für die Signale muss das Ausschwenken der Wagenkästen berücksichtigt werden. Weniger Platz beansprucht die Signalversion mit dem Schmalmast.

1

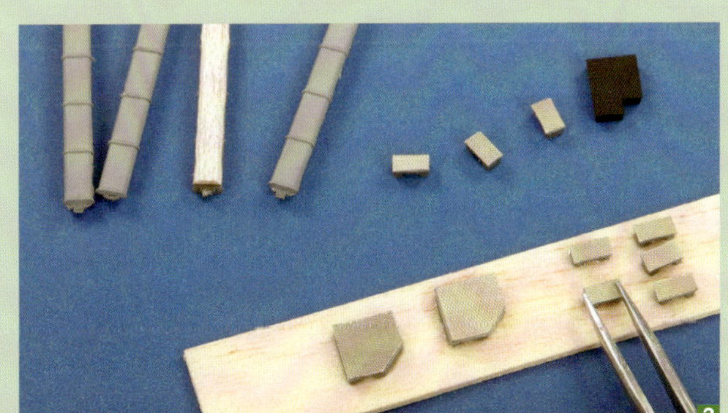
2

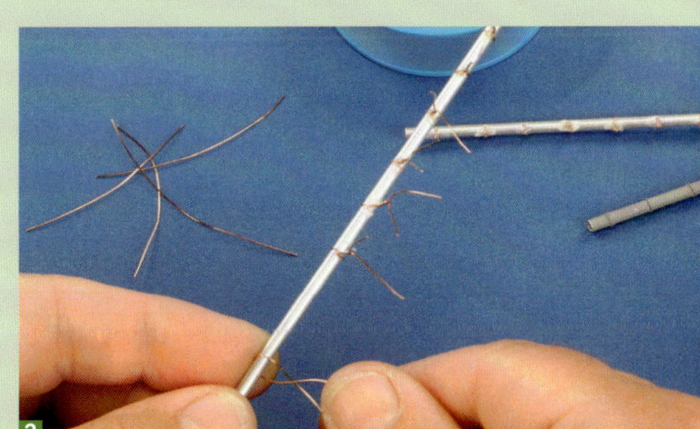
3

4

5

6

bedarf mit einem Durchmesser von 3, 4 und 5 mm (je nachdem, wieviele Drahtzüge in der Leitung „verborgen" sind) sowie Kupferdraht mit einer Stärke von 0,3 mm. Zunächst zerteilt man das betreffende Alu-Rohr in die Abschnitte einer gesamten Leitung, also zum Beispiel vom Umlenkkasten zum Weichenantrieb, plus etwas Überstand. Zur Nachbildung der Blechsicken dient der Kupferdraht. Mit vorbereiteten Stückchen werden Ringe um das Alu-Rohr gelegt und auf der späteren Unterseite fest verdrillt. Der Abstand zwischen den Ringen sollte bei 6 bis 8 mm liegen. Sind die Drahtringe auf dem ganzen Rohr verteilt, verhindert die Zugabe von Sekundenkleber ein Verrutschen oder Verdrehen der Ringe. Das Aluminiumrohr wird dann in die einzelnen Kanalstückchen zerteilt, am besten mit einem Minischleifer und sehr feiner Trennscheibe. Die Länge liegt bei etwa 5 cm. Ist einer der Drahtringe im Weg, kann die Länge variieren, dem Aussehen der Teile schadet dies nicht. Mittels Sprühdose oder Airbrush-Pistole erhalten die Rohrstückchen dann eine mittelgraue Lackierung. Dafür fixiert man die Teile am besten mit Zahnstochern auf einer Styroporplatte.

Druckrollenkästen und Weichenlaternen

Mit den Alu-Rohren lässt sich auch das letzte Kanalstück vor den Weichenantrieben authentisch nachbilden. Das dem Antrieb zugewandte Teil ist beim Vorbild oval geformt, was sich mit etwas Druckeinwirkung auf ein Rohrende einfach darstellen lässt. Die wenigen Zentimeter der oberirdischen Drahtführung stellen die Leitungen zu den Einfahrsignalen dar, die aber nur ein kurzes Stück in die hier vorhandenen Tunnels führen. Auch neben dem Befehlsstellwerk sind einige Zentimeter der offenen Drahtzüge zu sehen. Für die Leitungsführung kommen Rollenhalter zum Einsatz, deren Bauform sich nach der Anzahl der Leitungen richtet. Verläuft die Leitung im Bogen, sind Druckrollenkästen einzusetzen. Hier sind Ablenkungen von maximal 30° zulässig. Die Drahtseile selbst kann man mit der feinen Gummi-Litze aus dem Weinert-Programm nachbilden. Das Verlegen des Gummifadens erfordert aber ein starkes Nervenkostüm und ruhige Hände.
Zur Befestigung der Litze verwendet man am besten winzige Mengen Sekundenkleber. Mit seiner weißen Farbe würde der Gummifaden allerdings deplatziert wirken, eine Lasur aus Feuerzeugbenzin und schwarzer Ölfarbe verleiht ihm das richtige Aussehen.
Feine Antriebskästen und Laternen für die Ausstattung von Weichen bieten Weinert und Auhagen. Die

Zu den Weichenlaternen von Auhagen gehören auch die Weichen-Antriebskästen. Im gezeigten Beispiel wurde ein solcher Kasten noch mit zwei brünierten Drahtstückchen versehen, die das Stellgestänge andeuten.

Aufgrund der Schwellenhöhe des K-Gleises muss der Laternen-Lagerbock mit dünnen Holzstreifen unterlegt werden. Für die Verklebung genügt etwas Sekundenkleber.

Mit dem Eigenbau-Blechkanal aus Alu-Rohr kann man auch größere Leitungslängen schnell herstellen. In regelmäßigen Abständen sollten allerdings auch hier die Rollenkästen vorhanden sein.

Besonders im Bereich von Weichen ist eine Unterquerung des Gleises nicht immer problemlos möglich. Die einfachste Lösung besteht darin, die Nachbildungen des Blechkanals stückchenweise einzusetzen.

Für eine Unterquerung des Dreileitergleises von Märklin muss der Mittelleiter durchtrennt werden. Nach dem Einsetzen der Kanäle stellen dünne, aufgelötete Kupferstreifen die Stromversorgung wieder her.

Über einen Ablenk-Rollenkasten verläuft der Drahtzug hier zu einem Weichenantrieb. Wegen der im Antrieb vorhandenen Umlenkung sollte das letzte Stück der Blechabdeckung wie beim Vorbild breiter ausfallen.

Passend zur DKW-Laterne von Weinert gibt es Antriebskästen und Kanäle, die nach der Anleitung montiert werden. Für die Beleuchtung des Weichensignals muss eine Bohrung in der Grundplatte vorhanden sein.

Mit etwas bastlerischem Geschick kann die Weichenlaterne von Auhagen auch drehbar installiert werden. Hierfür sollte man den Lagerbock möglichst genau über einer entsprechenden Bohrung in der Anlagenplatte positionieren.

Weichenlaternen von Auhagen sind im Gegensatz zu den Weinert-Exemplaren zwar weder beleuchtet noch drehbar, lassen sich aber leicht umbauen. Die Laternen erhalten dabei auf der Unterseite eine Bohrung mit 1 mm Breite. Sie werden dann auf einen entsprechend starken Lichtleiter gesteckt (Conrad Electronics), der zwar etwas gekrümmt ist, aber mit Hilfe einer Heißluftpistole gerade gebogen werden kann. Die Bohrung im Laternenhalter wird nun auf 1 mm erweitert. Doch Vorsicht! Das filigrane Bauteil bricht leicht. Anschließend führt man den Lichtleiter mit der aufgesteckten Laterne durch den Halter und die Anlagenplatte nach unten, um die Beleuchtung zu installieren. Servo-Weichenantriebe ermöglichen auch eine drehbare Ausführung der Weichenlaterne. Ein Ruderhebel auf dem Lichtleiter und eine Stellstange zum Servo-Antrieb genügen hierfür. Der Stellweg ist nur mechanisch einstellbar, was etwas Feinarbeit bedeutet. Zudem haben wir die Antriebskästen der Weichen vor dem Einbau mit zwei dünnen, brünierten Drähten versehen. Diese deuten die Stellstangen an, die zu den Weichenzungen führen.

Genügend Abstand

Auch im Modell dürfen Fahrzeuge die Weichenlaternen beim Ausschwenken nicht berühren. Die Weichensignale sollten also in ausreichendem Abstand zum Gleis montiert sein. Daher ist es oft notwendig und vorbildgetreu, Antriebskasten und Laterne getrennt voneinander aufzustellen. Der Lagerbock der Laterne lässt sich direkt auf den Untergrund kleben. Sind die Schwellen des verwendeten Modellgleises wie beim K-Gleis zu hoch, sorgt eine Unterlage aus dünnem Holz oder Karton für die richtige Höhe. Danach wird die Bohrung im Trassenbrett gefertigt. Für drehbare Laternen empfiehlt es sich, eine Lagerhülse aus Messingrohr mit einem Durchmesser von 2 mm einzusetzen.

Eine Weichenlaterne für Doppelte Kreuzungsweichen ist bei Weinert erhältlich. Das Metallmodell lässt sich beleuchten, eine funktionstüchtige Lagenanzeige gibt es jedoch nicht. Hier sollte man die Signal-Blendenflügel so montieren, dass die meistverwendete Weichenstellung erkennbar ist. Passend zu den Kreuzungsweichen gibt es auch ein Weinert-Set mit Antriebskästen und dazugehörigen Blechkanälen, die nach beiliegender Anleitung rasch montiert sind. Flügel- und Gleissperrsignale gehören ebenfalls zum mechanischen Stellwerk. Die Antriebskästen sind hier aber schon als Bestandteile der Modelle ausgeführt.

Dieses Behelfsstellwerk von Märklin erhielt eine Alterung und wurde mit weiterem Zubehör wie Spannwerken, Gruppenablenkung und Drahtzügen optisch verfeinert. Beim Vorbild konnten sich diese Provisorien teils bis in die 1980er Jahre halten.

1 Diese Weichenlaterne von Auhagen ist beweglich ausgeführt. Verwendet man einen Lichtleiter als Drehachse, kann das Weichensignal sogar mit einer Beleuchtung ausgerüstet werden.

2 Unser Behelfsstellwerk von Märklin war bereits auf einem Diorama montiert. Mit dem passenden Ausschnitt in der Anlagen-Grundplatte ist das Einsetzen des Schaustücks aber leicht machbar.

3 Vor dem Stellwerksgebäude befindet sich die Grube der Gruppenablenkung. Von hier aus verlaufen die Drahtzüge zunächst oberirdisch zu den Stelleinrichtungen wie den Weichen und Signalen.

4 Für die Darstellung der Drahtleitungen empfiehlt sich die hauchdünne Gummi-Litze von Weinert. An kleinen Drahtkrampen fixiert, wird der Übergang zu den Blechkanälen nachgebildet.

5 Das Verlegen und Befestigen des Gummifadens ist zwar eine diffizile Angelegenheit, entlohnt aber mit einem vorbildgemäßen Aussehen der Anlage. Die hier verbauten Rollenhalter sind Vollmer Modelle.

6 Besondere Lösungen zur Leitungsführung fanden sich auch beim Vorbild. Dieses Zwerg-Formsignal hatte nur auf dem Bahnsteig Platz, die gedachte Drahtführung erfolgt deshalb von unten.

Petri Heil!

Der Gewässergestaltung im Modell wird gerne nachgesagt, dass sie schwierig sei. Das gilt vor allem für die Darstellung fließender Gewässer. Sicherlich etwas einfacher ist die Gestaltung eines Sees mit ruhiger Oberfläche, da hier das aufwendige Modellieren der Wellen und Schaumkronen entfällt. Daher haben auch wir uns für einen solchen entschieden. Die H0-Bewohner der nahen Stadt nützen ihn gerne als Ausflugsziel.

Grundsätzlich gilt für die Darstellung sowohl fließender als auch stehender Gewässer, dass Untergrund und Umgebung passend hergerichtet werden müssen. Gewisse Ansprüche an den Geländebau diktiert die Beschaffenheit des ausgewählten Wasser-Imitats aus dem Sortiment der Zubehörhersteller. Im Prinzip lassen sich die Materialien in drei Kategorien unterteilen. Einigermaßen unproblematisch in Sachen Zusammensetzung und Anwendung sind die Wasser-Imitate auf Basis wasserlöslicher Acrylpasten. Nachteilig sind die recht langen Trockenzeiten der milchigen Flüssigkeiten. Selbst dünne Schichten benötigen hierfür im ungünstigen Fall einige Tage. Bei der Verarbeitung entstehen aber weder Dämpfe noch Wärme, die Ansprüche an den Arbeitsraum und Untergrund sind also gering. Ganz anders sieht es bei den Produkten aus, die im erhitzten Zustand zu verarbeiten sind. Hier müssen Geländeschale und Einbauten den recht hohen Temperaturen gewachsen sein. Eine Nachbearbeitung des Gewässers ist mittels Fön oder Heißluftpistole zwar möglich, aber zeitaufwendig. Ein weiteres, schon klassisches Material zur Gewässergestaltung sind die Gießharze. Diese Epoxidharze bestehen aus zwei Komponenten, die zusammengemischt zu einer harten Masse erstarren. Je nach Ausführung kann dies zwischen einigen Minuten bis zu mehreren Stunden dauern. Glasklare Harze lassen sich beliebig einfärben und sind für die Darstellung von Wasser sehr gut geeignet. Bei der Verarbeitung gilt es aber, die Hinweise der Hersteller zu beachten, es entstehen Dämpfe und hohe Temperaturen.

Da die Wasser-Imitate zumindest eine gewisse Zeit lang flüssig sind, muss der Untergrund auch gewissenhaft abgedichtet sein. Ganz besonders gilt dies, wenn Gießharz zum Einsatz kommt. Die niedrige Viskosität, also Zähigkeit der Flüssigkeit sorgt dafür, dass jede Gelegenheit in Form winzigster Löcher und Spalten zum Verlassen des zugedachten Seebeckens oder Flusslaufs genutzt wird. Es empfiehlt sich also, das Gewässerbecken mit einer nicht zu dünnen Schicht Gips auszukleiden. Am besten greift man zu Haftputzgips, der sich ausreichend lange modellieren lässt und für eine nicht zu glatte, körnige Oberfläche sorgt. Nach dem Trocknen der Spachtelmasse folgt eine Grundierung des hellen Materials, am besten mit grünbrauner Abtönfarbe (Umbra) aus dem Baumarkt. Ausgenommen davon bleibt der Seegrund selbst. Hier besteht die Aufgabe für den Bastler darin, mit verschiedenen Farben mehr Tiefe vorzutäuschen als in Wirklichkeit vorhanden ist. Mit wasserlöslichen Acrylfarben, die man nass in nass verarbeitet, ist dieser Effekt leicht zu erreichen.

Kunstharz-Emaille-Lackfarben von Revell oder Humbrol eignen sich zur Einfärbung der Gießharzmasse. Es empfiehlt sich, die Färbemittel mit einem Rührstab zu entnehmen und tröpfchenweise dem Gießharz beizumischen. Mit Blau, Grün und Dunkelbraun lassen sich naturgetreue Farbnuancen erzeugen.

Es ist nicht immer einfach, den richtigen Farbton hinzubekommen, da sich das Aussehen im Zusammenspiel mit dem Untergrund ändert. Daher sollte man nicht alles auf einmal, sondern mehrere dünne Schichten gießen. Die Farbwirkung lässt sich so frühzeitig einschätzen und die Färbung der einzelnen Schichten noch verändern.

Unter den Lasercut-Minis der Firma Noch befindet sich auch der Bausatz eines kleinen Bootsstegs. Bohrungen im See nehmen zwei kleine Rundhölzer als Stützen auf. Mit einer kleinen Menge UHU-Plus-Schnellfest lassen sich auch noch kleine Wellen um die Stützen herum modellieren.

Auch dieses Entenhaus samt Ente entstammt der Lasercut-Mini-Serie. Nachdem das Gebäude auf dem See fixiert wurde, kann man hier mit UHU-Plus-Schnellfest ebenfalls Wellen nachbilden, die der Wasservogel beim Heranschwimmen erzeugt hat.

Beginnen sollte man mit einer recht hellen, graublauen Farbmischung, die in den Vertiefungen und zur Mitte hin dunkler wird. Vor dem Einfüllen des Modellwassers muss auch der Uferbereich fertig gestaltet sein. Mit einer Mischung aus verschiedenen Sanden und fein gesiebter Blumenerde lässt sich das Erdreich nachbilden. Die Uferkante wird satt mit Weißleim bestrichen und mit der Erdmischung bestreut. Loses Material befördert man vorsichtig mit einem Pinsel in das Leimbett. Die endgültige Verklebung geschieht mit stark verdünntem Weißleim, den man nach dem Befeuchten der Fläche aufträufelt. Im nächsten Schritt gelangen Pflanzen und Tiere in das Gewässer. Um unerwünschte Reaktionen mit dem Gießharz zu vermeiden, empfiehlt es sich, einen Kleber auf Epoxidharz-Basis einzusetzen. UHU-Plus-Schnellfest ist beispielsweise so ein Produkt und später auch für das Modellieren kleiner Wasserbewegungen geeignet. Ein großes Angebot gibt es mittlerweile auch an Pflanzen, die im Uferbereich wachsen. Als feine, lasergeschnittene Papiermodelle sind beispielsweise Schilf, Wasserlilien oder Knöterich von Noch und MBZ erhältlich. Auf weichem Untergrund lassen sie sich, auf einer Stecknadel drapiert, einfach einstecken. Ansonsten genügt zur Fixierung ein kleiner Tropfen Klebstoff. Sind See oder Fluss wie im gezeigten Fall zur Anlagenkante hin offen, gehört hier noch das Anfertigen einer Abdichtung zu den Vorarbeiten, beispielsweise in Form eines Brettchens. Eine Lage Doppelklebeband auf dem Holz verhindert, dass Brett und Harz zusammenkleben. Das Schutzpapier darf man in diesem Fall natürlich nicht abziehen. Die Anlage oder der Anlagenteil, auf dem das Gewässer gestaltet wird, muss außerdem absolut gerade ausgerichtet sein, damit das Modellwasser nicht davonfließt. Und noch ein Tipp zum Schluss: Auch wer glaubt, die schon angesprochene Dichtigkeit von Seemulde oder Flussbett garantieren zu können, sollte den Bodenbereich großzügig mit einer dicken Lage Zeitungspapier oder Karton auslegen. Das schützt zwar nicht vor Überraschungen, vor eventuellen Schäden am Bodenbelag aber allemal.

Die im Modellbau verwendeten Epoxidharze bestehen wie schon gesagt aus zwei Komponenten, die in einem genau definierten Verhältnis zu mischen sind. Die Anteile von Harz und Härter unterscheiden sich allerdings je nach Hersteller. Das Portionieren der benötigten Mengen nimmt man mit einem skalierten Messbecher oder einer Waage mit digitaler Anzeige vor, dann mischt man die Komponenten am besten in einem ausgedienten Plastikbehälter. Wichtig ist die in den beiliegenden Verarbeitungshinweisen aufgeführte „Tropfzeit“. Das ist der Zeitraum nach dem Anmischen, der zur Verarbeitung des Gießharzes bleibt. Bei dem hier verwendeten Toolcraft-Harz von Conrad kann man die Tropfzeit mit der Zugabe des Härters S oder L in einer Spanne von 20 bis 40 Minuten variieren. So bleibt auch bei größeren Gewässern genügend Zeit zum Eingießen und Verteilen der Gießmasse. Allerdings erstarrt das Material nicht schlagartig. Dünnere Schichten benötigen deutlich mehr Zeit zum Erhärten, dieser Vorgang kann bis zu zwei Stunden dauern, die endgültige Aushärtung bis zu 36 Stunden. Daran ändert auch eine vermehrte Härter-Zugabe nur wenig, das Ergebnis wird eher unkalkulierbar in Form großer Wärmeentwicklung oder Klumpenbildung. Sicherheitshalber hält man sich da besser an die angegebenen Werte. Für eine gleichmäßige Aushärtung ist auch ein gutes Durchrühren der Komponenten notwendig. Neben speziellen Farbrührstäben leistet hier auch ein ausgedienter Rühr- oder Kneteinsatz aus dem Küchenbereich gute Dienste.

Beim Umgang mit den Harzstoffen sollte man grundsätzlich einfache Schutzhandschuhe tragen. Harz, das man versehentlich an die Haut bekommen hat, lässt sich nur sehr schlecht entfernen. Abgesehen davon kann der Kontakt auch Hautreaktionen hervorrufen. Wie schon erwähnt bilden sich außerdem Dämpfe, der Arbeitsraum sollte gut durchlüftet sein.

Die Farbe des Wassers

Mit speziellen Farbpasten kann man das Harz in dieser Phase leicht einfärben. Sie werden allerdings in recht großen Gebinden verkauft und sind auch nicht unbegrenzt haltbar. Für die recht kleinen Harzmengen im Anlagenbau eignen sich aber auch Farbpigmente beziehungsweise Pulverfarben, wie sie für Alterungszwecke eingesetzt werden. Darüber hinaus funktioniert das Einfärben auch mit den Kunstharz-Emaille-Lackfarben von Revell oder Humbrol, die in den kleinen, bekannten Blechdöschen in jedem Modellbaugeschäft zu haben sind. Die Zugabe der Farben sollte sehr sparsam erfolgen, denn schon kleinste Mengen verändern die Färbung der Gießmasse stark, im ungünstigen Fall in eine unerwünschte Richtung. Am besten entnimmt man das Färbemittel mit einem Rührstab und gibt den Farbstoff tröpfchenweise zum Harz. Mit den Farben Blau, Grün und Dunkelbraun kann man fast alle in der Natur vorkommenden Nuancen verwirklichen. Die Färbung des Wassers kommt durch gelöste Mineralien

! Basteltipp

Falls das Gewässerbecken zur Anlagenkante hin offen ist, muss eine Abdichtung angefertigt werden, beispielsweise in Form eines Holzbrettchens. Doppelklebeband verhindert, dass Brett und Harz zusammenkleben. Das Schutzpapier bleibt einseitig dran.

Dieses Bootsmodell hat sich dank seiner flachen Form nachträglich noch auf dem Modellgewässer drapieren lassen. Es handelt sich um ein Resin-Modell von Artitec. Das glasklare Wasser-Imitat sorgt dafür, dass sich Boot und Angler darin spiegeln. Ein netter Effekt, der die realistische Wirkung der Szenerie noch verstärkt.

oder auch Humuspartikel zustande. Leider ist es nicht ganz so einfach, den richtigen Farbton exakt zu treffen, da sich das Aussehen im Zusammenspiel mit dem eingefärbten Untergrund noch ändert. Auch deshalb gießt man am besten mehrere dünne Schichten. So kann man die Farbwirkung recht gut einschätzen und die Färbung der einzelnen Harzschichten variieren.

Angler im Boot

Nach so viel aufwendiger Vorbereitung darf das Modellwasser nun endlich auf die Anlage. Zunächst aber nur in einer kleinen Menge. Auf diese Weise kann man die Verteilung der Flüssigkeit beobachten und die Ausrichtung des Geländes eventuell korrigieren. Mit einem sauberen Pinsel lässt sich die Verteilung des Harzes auch beschleunigen. Wenn alles stimmt, kann man weiteres Harz eingießen. Um eine zu große Wärmeentwicklung zu vermeiden, sollte die Schichtstärke aber deutlich unter 1 cm bleiben. Eventuell vorhandene Luftblasen, die nicht von selbst zerplatzen, kann man mit einem Pinsel oder spitzen Gegenstand zerstechen. Danach gilt es nur noch, auf das Erstarren der Gießmasse zu warten. So arbeitet man sich Schicht für Schicht bis zur gewünschten Wassertiefe voran. Nach der endgültigen Aushärtung kann man das Gewässer mit weiteren Details ausstatten. Ein kleiner Bootssteg findet sich beispielsweise als Bausatz in der Serie der Noch-Lasercut-Minis. Bohrungen im See nehmen zwei kleine Rundhölzer als Stützen auf. Mit einer kleinen Menge UHU-Plus-Schnellfest lassen sich zusätzlich auch noch kleine Wellen um die Stützen herum modellieren.

Auch beim Entenhaus handelt es sich um einen Bausatz von Noch. Rundherum kann man Wellenbewegungen nachbilden, die der soeben eingetroffene Wasservogel erzeugt hat. Bei unserem feinen Bootsmodell, das zwei Angler nützen, handelt es sich dagegen um ein Resin-Produkt von Artitec. Die flache Form des Rumpfes erlaubt auch ein nachträgliches Platzieren auf dem Modellgewässer, und falls gewünscht, sorgt auch hier ein wenig UHU-Kleber für den Eindruck bewegter Wasserfläche. Ein zweites Boot wurde mit Acrylfarben auf alt getrimmt. Vermutlich ist es undicht und liegt deshalb auf dem Trockenen, dient aber einem weiteren Petrijünger als Stützpunkt. Wir wünschen ihm „Petri Heil!" und gestalten mit feinen Blumen, Büschen und Stauden den Uferbereich noch vollends fertig.

! Basteltipp

Als Gestaltungsmöglichkeit bietet sich die Alterung eines Bootsmodells und dessen Platzierung im Uferbereich an. Das wohl undichte Boot darf nicht mehr ins Wasser, dient aber einem Angler als Stützpunkt bei seinen Bemühungen, ein paar Fische zu fangen.

Gips und Grünstreu

Für den Aufbau des Modellbahngeländes haben sich zwei ganz verschiedene Methoden durchgesetzt. Mittlerweile kommt bei vielen Bastlern die Bauweise mit Hartschaumplatten zur Anwendung. Weiter geht es dann mit dem Ausformen von Hügeln und Tälern sowie der Flächengestaltung mit unterschiedlichem Streumaterial für den Untergrund.

Die eher klassische Bauweise besteht darin, den Anlagen-Grundrahmen mit Holzspanten zu versehen. Die Form der aufrecht montierten Holzbretter entspricht dabei der Linienführung der späteren Landschaft. Danach werden die Geländespanten mit einem geeigneten Material überzogen. In den meisten Fällen dürfte dies feinmaschiger Aluminium-Fliegendraht aus dem Baumarkt sein. Dieser Draht lässt sich gut vorformen und wird mit einem Tacker oder einer Heißklebepistole auf den Sperrholz-Spanten befestigt. Statt des Aluminiumdrahts kann auch ein Kunststoff-Fliegennetz zum Überziehen der Holzkonstruktion benutzt werden, das allerdings keine Eigenstabilität besitzt, ein weitergehendes Vorformen der Geländestruktur ist damit nicht möglich. Im Sortiment der Zubehörhersteller finden sich ebenfalls Materialien für diesen Arbeitsschritt, wie der „Geländekrepp" von Busch, ein sehr reißfestes und dehnbares Papierprodukt, das als Geländehaut eingesetzt werden kann. Ähnliche Merkmale weist das „Gelände-Drahtpapier" von Noch auf. Hier sorgt eine Drahtgeflecht-Einlage im Papier für die nötige Festigkeit. Nach dem Verkleiden der Holzspanten wird die Landschaft weiter ausmodelliert, im Allgemeinen durch das Auftragen einer mehr oder weniger starken Gipsschicht oder speziell für den Modellbau gedachten Spachtelmasse. Der Geländebau mit Holzspanten erreicht eine sehr hohe Stabilität, besitzt aber auch gravierende Nachteile. Geländepartien, die in dieser Bauart erstellt wurden, weisen teils

Eine kleine Gruppe von Pilzsammlern hat sich in unsere üppig begrünte Landschaft begeben und ist hier fündig geworden. Aber Finger weg von den Fliegenpilzen! Auch wenn sie einem noch so schön rot entgegenleuchten. Der Blick in einen Ratgeber kann beim Pilzesammeln hilfreich sein.

Die ersten Arbeitsschritte

Hartschaumplatten aus dem Baumarkt sind das ideale Material für den Modellbahn-Landschaftsbau. Sie sind preisgünstig, leicht und mit Werkzeugen, die in jeder Bastlerwerkstatt zu finden sind, einfach zu bearbeiten.

Mit Cutter-Messer, Raspel und Stemmeisen wird das Plattenmaterial in die gewünschte Form gebracht. Falls notwendig, können auch Aussparungen in das weiche Material eingearbeitet werden.

Mit herkömmlichem Heißkleber lassen sich die Schaumteile gut verkleben. Die Temperatur darf allerdings nicht zu hoch sein, ansonsten verschwindet der Klebstoff im Schaum.

Stück für Stück wächst die Grundform für das Modellbahngelände in die Höhe. Ein Vorteil des Hartschaums besteht darin, dass man auf einfache Weise Material hinzufügen oder auch wieder entfernen kann.

ein beachtliches Gewicht auf. Das stellt gewisse Ansprüche an die Stabilität des Anlagenrahmens. Für den Zuschnitt der Geländespanten muss der Modellbahner außerdem ein klares Bild der fertigen Landschaft vor Augen haben, nicht nur für Hobby-Einsteiger ein nicht immer ganz einfaches Unterfangen, zumal Änderungen später nur sehr schwierig umzusetzen sind. Hilfreich kann hier der Einsatz einer Planungs-Software sein. Mit dem Programm entsteht die Anlage zunächst virtuell mit 3-D-Ansichten, teils auch mit ausdruckbaren Zeichnungen für die Geländespanten.

Zwei ähnliche Bauweisen sollen hier nicht unerwähnt bleiben. Im Noch-„Terra-Form"-System werden die Spanten durch Holzstäbe ersetzt. Unterschiedliche Verbinder aus Kunststoff ermöglichen ein einfaches Zusammenstecken des Unterbaus und eine abwechslungsreiche Landschaftsform. Auf Karton setzt der Hersteller Busch. Hier entsteht die Grundkonstruktion aus starken Wabenkartonplatten, die nach dem Zuschneiden in die gewünschte Form ebenfalls mit Plastikverbindern einfach zusammengesteckt werden. Für den Überzug mit einer Geländehaut kommen dann die schon erwähnten Materialien zum Einsatz.

Ein etwas freieres Bauen erlaubt die zweite Methode. Vereinfacht gesagt entsteht das Gelände, indem man geeignetes Plattenmaterial aufeinanderstapelt und mit recht einfachen Werkzeugen in die gewünschte Form bringt. Hier haben sich Hartschaumplatten ihren Platz im Modellbahnbau erobert. Eigentlich als Dämmstoff im Hausbau eingesetzt, eignen sich die leichten Platten ideal für den Modellbau. Sie sind auch nicht zu verwechseln mit den althergebrachten Styroporplatten. Diese sind zwar deutlich günstiger zu haben, die Verarbeitung hat allerdings Nachteile in Form kleiner Styro-Kügelchen, die Hobbyraum und Arbeitsplatz in Beschlag nehmen und sich nur schwer entfernen lassen. Anders als bei der Spantenbauweise ist der Baufortschritt mit den Schaumplatten auch für den Anfänger besser einschätzbar. Änderungen und Ergänzungen lassen sich auf sehr einfache Weise vornehmen. Welche Bauweise die Bessere ist, richtet sich natürlich nach den Vorlieben und dem Können des Bauherrn. Preislich ergibt sich, gemessen an der überbauten Fläche, kein nennenswerter Unterschied. Wo es sinnvoll erscheint, ist auch eine Mischung der Bauarten machbar. Die Geländespanten zum Beispiel können auch aus Hartschaum gefertigt werden, und für die Bearbeitung einer Landschaft aus demselben Material ist der Einsatz verschiedener Spachtelmassen ebenfalls kaum verzichtbar.

Plattenbau für die Landschaft

Auch für die hier gezeigte H0-Anlage wurde für den Landschaftsbau in der Hauptsache Hartschaum verwendet. Die benötigten Platten erhält man mittlerweile in den meisten Heimwerkermärkten. Für den Einsatz als Dämmung sind die Platten in der Regel mit einem Stufenfalz ausgerüstet, der sich wenn nötig leicht entfernen lässt. Die Abmessungen der Platten betragen rund 120 x 60 cm, die üblichen Stärken liegen bei 2, 3, 4, 5, 6, 8 und 10 cm. Die Grobbearbeitung des Hartschaums stellt keine großen Ansprüche an die Werkzeugsammlung. Ein scharfes Cutter-Messer, eine gerade Anschlagleiste, eine Raspel und grobkörniges Schleifpapier gehören zur Grundausstattung, um die Platten zuschneiden und in Form bringen zu können. Für den ersten Zuschnitt der benötigten Plattenteile leistet auch eine Stichsäge gute Dienste, besonders wenn es um Krümmungen geht. Bei dickeren Platten ist zu beachten, dass das Sägeblatt des Gerätes auch die notwendige Länge aufweist. Der Zuschnitt der Schaumplatten muss nicht sonderlich exakt ausfallen. Eventuell vorhandene Lücken im Hartschaumgelände kann man später leicht mit Gips auffüllen.

Für das Verkleben der Plattenzuschnitte gibt es verschiedene Möglichkeiten. Grundsätzlich müssen die Klebstoffe für Hartschaum geeignet sein. Neben verschiedenen Konstruktionsklebern aus der Kartusche, die speziell für diesen Werkstoff angeboten werden, sind einige Sprühkleber und Heißkleber verwendbar. Für das feinere Ausformen der Landschaft kann man verschiedene Werkzeuge einsetzen, die alle ihre Vor- und Nachteile besitzen. Zu den preisgünstigsten Varianten gehört sicherlich das bereits erwähnte Cutter-Messer. Aufgrund der recht geringen Schnitttiefe geht die Arbeit aber nur langsam voran. Zudem ist ein gewisser Kraftaufwand erforderlich. Eine hohe Verletzungsgefahr ist ebenfalls nicht von der Hand zu weisen. Die sehr scharfen Klingen können schon bei leichtem Kontakt tiefe Schnittwunden hinterlassen. Bei den Heißschneidegeräten ist dies nicht der Fall. Hier durchtrennt ein erhitzter Draht den Hartschaum. Ein praktisches Handgerät gibt es zum Beispiel von Proxxon. Der Haltebügel lässt sich in der Arbeitsbreite und -höhe einstellen. Der mit 0,9 mm recht starke Schneidedraht ist sehr stabil und lässt sich für den Schneidevorgang in eine bestimmte Form biegen, um beispielsweise Mulden oder Kuppen herauszuarbeiten. Die Arbeitsgeschwindigkeit

! Basteltipp

Sobald die Gleise samt Bettung verlegt wurden, empfiehlt es sich, bei den weiterführenden Arbeiten stets die Trassenbereiche mit Zeitungspapier abzudecken. So spart man sich eine Beschädigung der Weichenmechanik oder aufwendige Reinigung der Gleise.

1 Auch die sehr preisgünstig zu beschaffenden Styroporplatten eignen sich für den Geländeaufbau. Gerade Plattenteile lassen sich gut als Füll- und Grundmaterial einsetzen.

2 Da auch der Heißkleber eine gewisse Zeit zum Erstarren benötigt, sollten größere Bauplatten mit Gewicht beschwert werden. In der Zwischenzeit kann man weitere, kleinere Teile herrichten.

3 Versieht man die Kanten der schon eingesetzten Hartschaumstücke mit einer Naht aus Heißkleber, erreicht die Konstruktion eine hohe Festigkeit. Auch die Verklebung mit Holz und anderen Materialien ist problemlos möglich.

4 Ein Heißdraht-Schneidegerät wie hier von Proxxon gibt dem Plattenbau die endgültige Landschaftsform. Der Arbeitsraum sollte gut belüftet sein!

5 Ein dünner Gipsüberzug verschließt eventuell vorhandene Löcher und Spalten in dem Schaum-Gelände. Den für diesen Zweck geeigneten Modell- und Hobbygips findet man ebenfalls im Baumarkt.

6 In diesem bergigen Geländeteil wurden zusätzlich Gipsfelsen eingesetzt, die Gießformen dafür gibt es von Noch. Die Übergänge zum Gelände werden mit Gips modelliert.

1

2

3

4

5

6

Der Einbau von Felsbrocken lockert die Landschaft auf und gibt ihr ein natürlicheres Aussehen. Die Felsen wurden in den Rock-Molds-Formen von Woodland-Noch aus Gips gegossen.

! Basteltipp

Das Noch-Sortiment enthält unter der Bezeichnung „Rock-Mold" zahlreiche Abgussformen für die Felsherstellung. Mit dünnflüssigem Gips oder keramischer Gießmasse aufgefüllt, erlauben diese Formen den Abguss sehr realistisch wirkender Felsstücke.

ist eher niedrig, dafür genügt ein geringer Zug am Gerät. Von Nachteil sind die entstehenden Dämpfe. Auch wenn die Leistung des Geräts einstellbar ist, am dicken Schneidedraht verbrennt relativ viel Material. Dementsprechend groß ist die Rauch- und Geruchsbelästigung. Schon im Interesse der eigenen Gesundheit sollte man den Heißschneider daher nur in größeren, gut belüfteten Räumen einsetzen. Mit einem dünneren Schneidedraht fallen diese Nachteile deutlich geringer aus. So lässt sich mit dem 0,2 mm starken Schneidedraht von Conrad Electronic und einem Holz- oder Metallbügel ein entsprechendes Gerät auch kostengünstig selbst bauen. Als Stromquelle genügt ein regelbarer Märklin-Eisenbahntrafo. Bei „Vollgas" darf die Schnittlänge etwa 70 cm betragen. Allerdings muss der feine Draht gespannt werden, es sind also nur gerade Schnitte möglich. Abzuraten ist vom Einsatz eines Heißschneiders mit messerähnlicher Klinge. Die Qualmentwicklung der meist nicht regelbaren Geräte ist enorm, was sicher nicht gesund und in geschlossenen Räumen kaum durchführbar ist. Eine recht rabiate, aber sehr effektive Geländeformung ohne die genannten Nebenwirkungen gelingt mit einer Draht-Rundbürste, eingespannt in eine Bohrmaschine. Mit mäßiger Drehzahl kann man erstaunlich präzise überschüssiges Material entfernen und Details wie Wege oder Gräben herausarbeiten. Leider hat auch dieses Verfahren seine Tücken. Der Krafteinsatz zum Führen der Maschine ist groß, die entstehende Verschmutzung durch kleine Schaumkrümel ebenfalls. Das Tragen von Schutzbrille, Einweb-Schutzanzug und Staubmaske ist hier Pflicht. Alles in allem viel Aufwand, der sich nur für die Gestaltung größerer Geländepartien lohnt. Der Einsatz von Messer, grobem Schleifpapier und dem regelbaren Proxxon-Thermocut 12E ist für die Heimanlage meist die richtige Werkzeug-Kombination.

Im nächsten Schritt erhält die Hartschaumlandschaft einen dünnen Überzug mit Hobby- oder Modellgips, der im Baumarkt zu bekommen ist. Damit verschließt man alle noch vorhandenen Löcher, Spalten und Übergänge der Schaumplatten. Größere Bäume lassen sich außerdem später in dieser Schicht sicher fixieren. Nachteilig ist unter Umständen das schnelle Abbinden, also Erhärten des Materials. Wer größere Flächen überziehen muss oder einfach mehr Zeit für das Modellieren braucht, findet auch Alternativen im Heimwerkerregal. So etwa den Fugenspachtel für die bekannten Rigips-Platten oder Haftputzgips. Ist die Spachtelmasse einigermaßen dünn angesetzt, kann für den Auftrag der Masse und die Verteilung auch ein breiter Flachpinsel Verwendung finden.

Felsen formen

Um Verschmutzungen zu vermeiden sollten bereits verlegte Gleise oder Einbauten wie die Tunnelportale unbedingt abgedeckt werden. Für die Nachbildung von Felsen oder Mauerteilen ist es jetzt ebenfalls schon höchste Zeit. Hierbei sind verschiedene Praktiken möglich. Zum einen kann man an der betreffenden Stelle den Gipsauftrag entsprechend stark gestalten. Mit Werkzeugen wie Messer, Spachtelklinge und Stechbeitel arbeitet man dann die gewünschten Strukturen aus dem erhärteten, aber noch nicht durchgetrockneten Gips heraus. Dieses Verfahren ist, wie man sich denken kann, recht zeitaufwendig und erfordert Übung und Geduld. Mit Fertigprodukten und Abgussformen kommt man da leichter ans Ziel. Von Noch gibt es nicht nur Mauerteile aus Hartschaum, sondern auch Felsstücke. Die leichtgewichtigen Felsen lassen sich gut zuschneiden und zum Beispiel mit Heißkleber in die Landschaft einbauen. Im Noch-Sortiment findet man außerdem unter der Bezeichnung „Rock-Mold" zahlreiche Abgussformen für die Felsherstellung. Mit dünnflüssigem Gips oder keramischer Gießmasse aufgefüllt, entstehen in diesen Formen sehr realistische Felsstücke. Nach dem vollständigen Durchtrocknen der Abgüsse erhalten diese dann vor der Bemalung ein Tiefgrund-Tauchbad mit anschließender, nochmaliger Trocknung. Für die farbliche Gestaltung der Modellfelsen sind Acryl- oder Abtönfarben gut geeignet. Für diesen Arbeitsschritt sollte man unbedingt Vorbildfotos verwenden und am besten auf einem Musterstück ein wenig üben. Eine sehr natürliche Wirkung erreicht man mit lasierenden, also sehr dünnen Farbschichten nach einer dunklen Grundierung.
Der Einbau der Kunstfelsen in das Gelände lässt sich mit Heißkleber bewerkstelligen. Mit cremig angerührtem Gips werden dann die Übergänge verspachtelt. Auf die gleiche Weise lassen sich Stützmauern und Hangverbauungen einsetzen. Nach dem Erhärten des Gipsüberzuges kann dieser sogleich grun-

Mit Gips arbeiten

Im Bereich des Tunnelportals wurde das Gelände mit verschiedenen Mauerteilen stabilisiert. Diese Situation gibt es beim Vorbild oft zu sehen, auf der Modellbahn sollten solche Abstützungen deshalb auch nicht fehlen.

Die hier eingesetzten Mauerteile sind Hartschaumprodukte von Faller und Noch, die zusätzlich farblich überarbeitet wurden. Für betonierte Flächen sind Gussformen der Werkstatt Spörle erhältlich.

Da die hier gezeigte Anlage zerlegbar bleiben soll, dürfen die Übergänge nicht einfach zugespachtelt werden. Etwas Backpapier oder Alu-Folie verhindert, dass die Geländeteile zusammenkleben.

Nach dem Durchtrocknen der Gipsschicht, was je nach Stärke bis zu zwei Tage dauern kann, erhält die Geländehaut einen Grundanstrich. Hierfür kommt eine wasserlösliche Abtönfarbe aus dem Heimwerkerbedarf zum Einsatz.

Im Bahnhofs- und Rangierbereich sind die Gleise in den meisten Fällen nicht mit einem ausgeprägten, hohen Schotterbett ausgestattet. Als Füllmaterial für die Modellbahn kommen dünne Hartschaumplatten zum Einsatz.

Die dünnen Schaumplatten werden als Trittschalldämmung mit 3 und 5 mm Stärke angeboten. Mit einem scharfen Messer lassen sie sich einfach zuschneiden, Bögen beispielsweise kann man auf diese Weise gut herstellen.

Für die Verklebung der Zuschnitte muss ein spezieller Klebstoff verwendet werden, der den Schaum nicht angreift. Für kleinere Teile genügt UHU-Por aus der Tube, für größere Stücke ist der Sprühkleber Toolcraft von Conrad die richtige Wahl.

Mit einer langen Cutter-Klinge lassen sich flache Übergänge zum übrigen Gelände einfach herstellen. Mit einem Stückchen Schleifpapier der Körnung 150 wird die Abstufung zum Schluss noch geglättet.

diert werden. Am besten mit einer Abtönfarbe, die sich durch ein gutes Deckvermögen auszeichnet. Gut geegnet ist der grünbraune Farbton Umbra.

Im Sinne einer vorbildgetreuen Gestaltung sollte auch das nähere Umfeld der Bahnhofs-Gleisanlagen vorbereitet werden. Wie man auf Bildern leicht erkennen kann, besitzen die Gleise hier im Gegensatz zu den Streckengleisen kein ausgeprägtes Schotterbett. Besonders bei den Abstell- und Verladegleisen sind es oft nur die Schienen selbst, die das Bodenniveau überragen. Dank der hier vorhandenen geraden Flächen ist die Nachbildung im Modell einfach. Die Freiräume werden zur Bodenerhöhung einfach mit dünnen Hartschaumstreifen beklebt. In den Stärken 3 und 5 mm wird dieses Material als Trittschalldämmung angeboten. Nach einem ersten, nur groben Zuschnitt legt man das Schaumteil an die vorgesehene Stelle. Mit etwas Druck auf die Oberfläche zeichnet sich die Lage der Gleise an der Unterseite ab. Auf diese Weise kann man die Füllstücke sehr exakt zuschneiden. Als Klebstoff für die verhältnismäßig großen Schaumstücke ist Sprühkleber geeignet, der die Hartschaumplatten nicht angreift, was zum Beispiel für den Kleber „Toolcraft“ aus dem Conrad-Sortiment zutrifft.

Böden und Gräser

Die Gestaltung der Böden ist dann auch der nächste Punkt der gestalterischen Tätigkeit. Da das Gleisumfeld mit dem Fortschreiten des Anlagenbaus meist immer schlechter erreichbar ist, beginnt man am besten mit diesen Flächen. Für die Nachbildung benötigt man feine Sand- und Schottermaterialien, die sich für den jeweiligen Maßstab zum Beispiel im Sortiment von Asoa oder Minitec finden. Mit selbst gesammelter, fein ausgesiebter Erde aus der freien Natur kann man das Angebot noch erweitern. Für gekieste Bereiche der Baugröße H0 eignet sich auch der Z-Schotter vom MBC Wilder Kaiser gut. Als Kleber dient Weißleim, der etwas verdünnt auf die zu bestreuende Fläche aufgestrichen wird. Damit das Aufstreuen der Sande möglichst gleichmäßig gelingt, sollte man die Öffnung des Streubehälters mit einem feinen Netz abdecken. Für die endgültige Fixierung des Streuguts muss die Fläche danach mit einem feinen Wassernebel angefeuchtet werden. Anschließend beträufelt man den Bereich vorsichtig mit wässrig verdünntem Weißleim, dem auch eine winzige Menge Spülmittel hinzugefügt wurde. In diese recht nasse Grundschicht streut man jetzt weitere Sand- oder Schottermaterialien mit verschiedenen Farben ein. So wirkt die Fläche naturgetreu abwechslungsreich. Zum Schluss folgt die Darstellung der kleinen Pflanzen und Moose, die in den Randbereichen besonders gerne wachsen. Hierfür bietet Noch das „Turf-Streu" an, in unterschiedlichen Flockengrößen und -farben. Hier sollten die Nuancen Erdbraun, Oliv, „Herbst", „Unkraut" und „Sommer" zur Hand sein. Die Trocknung dieser Schichten kann bis zu zwei Tage dauern. Danach sollten auch die Gleise ihren Schotter erhalten.

Flächen, die zur Begrünung vorgesehen sind, müssen nicht zwingend mit der Nachbildung des Erdbodens ausgestattet sein. Bei spärlichem Bewuchs besteht dann allerdings die Gefahr, dass der recht glatte Untergrund erkennbar bleibt. Um dem vorzubeugen, sollte man für eine möglichst natürliche Beschaffenheit der Böden sorgen. Ein sehr preisgünstiges Material zur Bodengestaltung ist beispielsweise im Backofen getrocknete und anschließend ausgesiebte Blumenerde. Für den Einbau in die Landschaft wird der betreffende Bereich satt mit Weißleim bestrichen. Nach dem Aufstreuen der Blumenerde wird die Fläche wieder befeuchtet und das Streugut mit aufgeträufeltem Weißleim fixiert. Fertige Bodenmischungen gibt es unter anderem von Busch. Die Sorten „Wald- und Feldweg", „Nadel- und Laubwaldboden" sind eine passende Zusammenstellung aus Sanden und Flockenmaterial. Ob als Ergänzung eingesetzt oder als alleiniges Gestaltungsmittel, die Verarbeitung geschieht wie schon beschrieben mit Weißleim. Für die Begrünung der Anlage stehen dem Modellbahner heute Möglichkeiten zur Verfügung, von denen die Bastler früherer Tage nur träumen konnten. Eingefärbtes Sägemehl, Papier-Grasmatten in schrillen Farben und Islandmoos waren die bevorzugten Materialien, auf die man zum Glück nicht mehr zurückgreifen muss. Grasfasern in den verschiedensten Farben und Längen, schöne Bäume, naturgetreue Foliage, Blumen und zierliche Pflanzen aus Papier machen eine perfekte Landschaftsgestaltung einfach. An erster Stelle steht aber die Begrasung der Flächen. Dazu stellt sich die Frage, wie die Fasern auf die Anlage kommen. Hersteller wie Noch, Busch, Faller, Heki oder Mini-Natur bieten fertige Geländematten in großer Auswahl an. Hier sind die Grasfasern bereits auf ein meist flexibles Trägernetz aufgebracht. Die Matten werden einfach passend zugeschnitten und in das Gelände eingeklebt. Die Mischung verschiedener Ausführungen erzeugt ein abwechslungsreiches Aussehen der

? Wussten Sie, dass ...

... eine selbst begraste Grünfläche am besten mit einem elektrostatischen Begrasungsgerät gelingt? Solche Geräte bieten unter anderem Faller, Heki und Noch an. Hier ist der „Grasmaster 2" von Noch im Einsatz.

1 Ein gutes Aussehen der Landschaft erreicht man, wenn vor der Begrünung der Boden gestaltet wird. Vor dem Aufstreuen des Sandmaterials bestreicht man den Bereich mit eingefärbtem Weißleim.

2 Sandmischungen für die Bodengestaltung bietet unter anderem der Hersteller Busch an. Hier sind die Sorten „Laub- und Nadelwaldboden" und die Mischung „Wald- und Feldweg" im Sortiment.

3 Die Zusammensetzung der Busch-Produkte ist unterschiedlich und enthält auch Grasfasern, verschiedene Sandkörnungen und Flockenmaterial. So lässt sich der Untergrund naturnah gestalten.

4 Auch selbst gesammelte Materialien sind für die Bodengestaltung geeignet. Gut getrocknet und ausgesiebt kommt hier handelsübliche Blumenerde auf das Modellbahn-Gelände.

5 Als Klebstoff für die nachfolgende Begrasung eignen sich leicht verdünnter Weißleim oder Noch-Graskleber. Vor dem Auftupfen des Klebstoffs muss der Untergrund durchgetrocknet sein.

6 Auf das frische Leimbett werden sogleich die Grasfasern aufgebracht. Ein elektrostatisches Begrasungsgerät sorgt für den aufrechten Stand der Fasern. Die Geräte gibt es in vielen Ausführungen.

1

2

3

4

5

6

Ein natürlich wirkendes Aussehen der Grasflächen erreicht man mit den Fasern von Mini-Natur. Eventuell vorhandene Faserbälle lassen sich in einer elektrischen Kaffeemühle auflockern.

Es empfehlen sich mehrere Faseraufträge in unterschiedlichen Farben und Längen. Der Klebstoff wird nur partiell aufgetragen, um einen abwechslungsreichen Bewuchs zu erzeugen.

Begrasungsgeräte mit einem Sieb als Dosierbehälter sind gut für die Verwendung mehrerer Fasersorten geeignet. Der Wechsel zu einer anderen Sorte geht schnell und einfach.

Nach dem Trocknen der begrasten Fläche geht es an die Nachbildung weiterer Pflanzen, die sich hier niederlassen. Hierfür eignen sich feines Turf-Streu, Flor-Matten und Büsche.

Grünflächen. Leider lassen sich die Hersteller ihre Fertigprodukte sehr gut bezahlen. Wer die Geländematten einsetzen will, sollte also vorher unbedingt den Bedarf ermitteln, damit die Begrünung nicht finanziell aus dem Ruder läuft. Deutlich günstiger ist es, die Grasfasern als lose Ware zu erwerben und selbst aufzubringen. Die genannten Hersteller haben auch zu diesem Material ein breites Angebot. Wichtig bei der Auswahl der Gräser sind vor allem natürliche Farben. Viele der angebotenen Produkte sind mehr oder weniger gelungene Mischungen, die im Allgemeinen ein recht grelles Aussehen erzeugen. Mit der Verarbeitung reiner Farben zum Beispiel von Mini-Natur oder Vampisol erzielt man dagegen sehr natürlich wirkende Grünflächen. Damit es später keine Überraschungen gibt, empfiehlt es sich, die ausgesuchten Fasern zum Beispiel auf Kartonstückchen probehalber aufzubringen. So lässt sich das Aussehen der Gräser am besten abschätzen. Für eine natürliche Wirkung sollte man außerdem verschiedene Faserlängen einsetzen.

Stehende Grasfasern

Mit dem bloßen Aufstreuen der Fasern ist es allerdings nicht getan. Damit die Modell-Grashalme vorbildgerecht aufrecht stehen, muss ein elektrostatisches Begrasungsgerät eingesetzt werden. Zwischen dem Applikationsbehälter des Geräts und der Masseklemme entsteht ein Hochspannungsfeld, das für die Ausrichtung der Fasern sorgt. Mittlerweile gibt es einige Geräte für den Heimanlagenbau, beispielsweise von Heki, Noch und Faller. Die beiden Letztgenannten sind für den Batteriebetrieb ausgelegt. Etwas über 100 Euro muss man für die Anschaffung einplanen. Zwei günstigere Vertreter sind die Geräte von EN-Electronic und der „RTS-Greenkeeper", der vorher als „Gras-O-Mat" angeboten wurde. Im Vergleich zu Industrie-Profigeräten ist die Leistung beziehungsweise Spannung der Hobby-Exemplare vergleichsweise gering. Nimmt man sich aber nicht zu große Flächen vor und investiert etwas Zeit, sind die Ergebnisse sehr ansprechend. Trotz der Hochspannung ist der Umgang mit den Geräten ungefährlich. Der Begrasungsvorgang selbst ist schnell beschrieben: Je nach gewünschtem Aussehen der Grasnarbe wird die Fläche mit Klebstoff bestrichen. Hierfür kommt leicht verdünnter Weißleim oder der Grasleim von Noch in Frage. Für gepflegte Grasflächen wie Gärten, Parkanlagen oder Wiesen empfiehlt sich ein flächiger Auftrag, für Wildgrasflächen werden kleine Bereiche mit dem Kleber betupft. Die Masseklemme des Begrasungsgeräts wird zum Beispiel mit Hilfe eines Nagels in der Nähe der zu gestaltenden Fläche befestigt. Danach führt man den Streubehälter des Geräts über die Fläche, leichtes Schütteln oder Klopfen befördert die Grasfasern nach draußen. Direkt von oben lässt sich die Menge des aufgebrachten Materials übrigens nur schlecht abschätzen, aufschlussreicher ist eine Betrachtung von der Seite. Sollen mehrere Längen und Farben zum Einsatz kommen, muss der Vorgang entsprechend oft wiederholt werden.

Damit der Graskleber trocknen kann, sollten die Flächen anschließend einige Stunden ruhen. Überschüssige Fasern entfernt man dann vorsichtig mit dem Staubsauger. Für die Nachbildung weiterer Pflanzen wie Bodendecker, Stauden und Blumen stehen dem Bastler viele Möglichkeiten zur Verfügung. Schaum-Foliage wie „Heki-Flor" lässt sich gut mit Sprühkleber aufbringen. Bestreicht man die Grasspitzen mit sehr wenig Leim, entsteht beim Aufstreuen von Turf-Streu und bunten Flocken wie etwa der Blüten-Flora von Noch eine sehr natürlich wirkende Modell-Landschaft. Für die Nachbildung der Stauden und Büsche haben wir auf der gezeigten Anlage hauptsächlich Material von Mini-Natur eingesetzt. Das ist sicher nicht die preisgünstigste Variante, im Aussehen sind die Filigranbüsche, Stauden und Blumen jedoch unübertroffen.

Kleine Büsche kann man mit vertretbarem Aufwand aus getrockneten Seeschaum-Stauden selbst anfertigen. Grund- und Belaubungsmaterial finden sich im Noch-Sortiment. Der Seeschaum wird hierfür zunächst sortiert und gesäubert, danach folgt eine dunkelbraune Grundierung aus der Sprühdose. Für die notwendige Fülle wird das Naturmaterial anschließend mit einer Schicht Sprühkleber versehen und dünn mit kurzen Grasfasern begrünt. Farbiges Laub hält der Handel leider nicht vor, mit den Aqua-Color-Farben von Revell kann man das Noch-Laub jedoch in einer Büchse einfärben. So lassen sich die Seeschaum-Rohlinge je nach gewünschter Jahreszeit mit der passenden Laub-Mischung gestalten. Die fertigen Büsche werden in kleinere Stücke geschnitten und mit etwas Weißleim in die Landschaft eingefügt. Anzahl und Standort hängen natürlich von den übrigen Gestaltungsmitteln wie Gebäuden, Straßen und der Bahntrasse ab. Manches ergibt sich erst im Laufe der Anlagenausschmückung, sodass etliche Gewächse erst zum Schluss ihren Platz finden werden.

1 Mit dem Naturgewächs Seeschaum, unter anderem bei Noch erhältlich, kann man feine Büsche und Sträucher selbst herstellen. Mit einer Pinzette werden zuerst Blüten- und Blätterreste entfernt.

2 Die Naturstauden sind zwar fein verästelt, etwas mehr Laubdichte schadet aber nicht. Der mit Sprühkleber behandelte Rohling erhält mittels Elektrostat eine dünne Schicht kurzer Grasfasern.

3 Im Sortiment von Noch finden sich verschiedene, aber einfarbige Laubsorten. Für einen natürlichen Eindruck werden die Blätter mit wasserlöslichen Farben in einer Spritzdose bunt eingefärbt.

4 Mit dem eingefärbten Miniaturlaub werden die Büsche anschließend sparsam bestreut. Als Kleber kommt wieder Sprühkleber zum Einsatz, am besten die Marke Toolcraft von Conrad.

5 Mit den selbst gefertigten Büschen und weiteren Fertigprodukten wie Blumen, Bodendeckern und Flor-Matten geht es an die Feingestaltung der Landschaft.

6 Mit etwas Weißleim versehen, werden die Gewächse in das Gelände geklebt. Je nach der dargestellten Jahreszeit schaden auch ein paar kleine Farbtupfer nicht.

1

2

3

4

5

6

Rhabarber und Lauch

Für die Ausgestaltung bieten Zubehörhersteller eine breite Palette feiner Produkte an, mit denen ein vorbildgetreuer und detailreicher Anlagenbau gelingt. Das gilt auch für die Flora im kleinen Maßstab. Selbst Blumen oder diverse Gemüsesorten sind für die Baugröße H0 in beachtlicher Auswahl erhältlich. Meist handelt es sich dabei um Bausätze.

Wo in früheren Zeiten bunt gefärbte Schaumstoff-Flocken die Pflanzenwelt andeuteten, wachsen heute perfekte Nachbildungen aller möglichen Gewächse aus Kunststoff oder Papier. In der Produktreihe der Laser-Cut-Minis bietet zum Beispiel die Firma Noch aus Wangen/Allgäu feine Modellpflanzen für die Baugrößen H0, TT und N an. Rund 30 Packungen umfasst das Sortiment, das sich in Zier-, Wild- und Nutzpflanzen unterteilen lässt. Teils ist auch weiteres Zubehör enthalten, wie etwa Blumentöpfe oder Rankhilfen. Alle diese Modellpflanzen haben eines gemeinsam: Sie entstehen aus mehrfarbig bedrucktem Papier, dabei werden die teils recht kleinen Pflanzen mit einem Laser exakt vorgeschnitten. Für die Baugröße H0 stehen außerdem einige Sets zur Auwahl, zum Beispiel zu den Themen Blumen- oder Schrebergarten und Feld- oder Wasserpflanzen. Hier sind die Modelle teils mit einer Beflockung verfeinert und bereits pflanzfertig vorbereitet. Egal, ob Gartenbeet, Waldrand, Wiese oder Ackerfläche, hier sollte für jeden Zweck das richtige Pflänzchen zu finden sein.

Pflanzen – richtig eingesetzt

Den geringsten Aufwand bereitet das Setzen der Wildpflanzen, denn diese wachsen ja in der Natur dort, wo es ihnen gefällt. Klassische Vertreter sind hierbei Brennnessel und Löwenzahn, die praktisch

Zierliche Pflanzen-Imitate aus lasergeschnittenem Karton ergeben, sobald man sie zusammengesetzt und wirkungsvoll platziert hat, einen hübschen Anlagenschmuck.

überall vorkommen können. Universell einsetzbar sind auch die Feld- und Wiesenpflanzen aus der gleichnamigen Packung. Gewächse wie Schilf, Hechtkraut, Wasserknöterich oder Pestwurz bevorzugen einen feuchten Untergrund oder sind in Gewässern und deren Randbereichen heimisch. Das sollte der Bastler beim Ansiedeln der Noch-Pflanzen berücksichtigen. Zier- und Nutzpflanzen verlangen wie beim Vorbild nach besonders hergerichteten Flächen in Form von Beeten oder Äckern. Das Angebot an fertigen Lösungen für die Modellbahn ist hierzu allerdings recht dünn gesät. Für das einfache Anlegen von Gartenbeeten eignen sich die Landschafts-Segmente „Kleingärten" von Faller recht gut. Sie sind zwar herstellerseitig ausverkauft, im Handel aber noch erhältlich. Die Matten lassen sich mit einer Schere zuschneiden und an der gewünschten Stelle aufkleben. Die vorhandenen Beetflächen bestückt man dann mit den Papierpflanzen. Nutzflächen für den Pflanzenanbau finden sich bei Busch. Hier gibt es die Geländematten „Acker" und „Acker mit Furchen", deren Verarbeitung ebenfalls denkbar einfach ist. Solche Areale lassen sich natürlich auch im Eigenbau anlegen. Im Allgemeinen genügt es, die gewünschte Fläche dünn mit Weißleim zu bestreichen und erdfarbenem Sandmaterial zu bestreuen. Sehr natürlich wirkt auch fein ausgesiebte Blumenerde als Bodenstreu. Für eine Nutzfläche mit Furchen wird vorher eine Bastel-Wellpappe aufgeklebt. Die gewellte Seite wird dann anschließend mit dem Boden-Streumaterial versehen. Gartenbeete sind in den meisten Fällen mit einer Einfassung versehen. Für den Nachbau eignen sich beispielsweise dünne Holzleisten, Furnierholzstreifen oder die feinen Randstreifen aus dem Faller-Gehwegplatten-Set. Die Umrandungen werden einfach passend zugeschnitten und im Gelände aufgeklebt. Danach kann das Beet mit dem Bodenmaterial gefüllt werden. Für eine vollständige Verklebung des Sandmaterials empfiehlt es sich außerdem, die Fläche fein mit Wasser zu besprühen und stark verdünnten Weißleim aufzuträufeln. Die Trocknung des so behandelten Areals dauert rund 24 Stunden. Danach können die feinen Pflanzen-Nachbildungen wie im Folgenden beschrieben ihren Platz einnehmen.

Schneiden und Formen

Das Vorbereiten der Papierpflanzen selbst ist aufgrund der teils geringen Größe eine etwas fummelige Angelegenheit, die sich aber mit Geduld und etwas Fingerfertigkeit trotzdem schnell erledigen lässt.

Die Lasercut-Minis von Noch bestechen durch ihre naturgetreue Form- und Farbgebung. Die einzelnen Gewächse lassen sich mit Hilfe von Stecknadeln im Beet befestigen. Hier haben Lauch und Rhabarber Platz gefunden. Mit Figuren lassen sich nun kleine Szenen darstellen.

Linke Seite: Auch Erdbeeren gehören zum Sortiment.

1 Eine bunte Pflanzenvielfalt führt Noch zur Feingestaltung im Sortiment. Die Nachbildungen bestehen aus lasergeschnittenem, festem Papier und sind mehrfarbig bedruckt.

2 Das beschädigungsfreie Herauslösen der Miniaturpflanzen ist nicht immer ganz so einfach. Wie hier beim Lauch kann eine Pinzette beim Heraustrennen durchaus hilfreich sein.

3 Bei ganz kleinen Gewächsen, wie beispielsweise den Erdbeeren, schneidet man die Pflanzen am besten mit einem Skalpell aus dem Papierbogen heraus.

4 Für das jetzt folgende Formen der Pflanzen mit Fingern und Pinzette fädelt man die Lasercut-Minis auf eine Stecknadel. Die richtige Formgebung erschließt sich aus Vorbildfotos.

5 Die Packung „Bohnenstangen" enthält Teile für feine Rankgestelle aus Echtholz. Damit nichts zerbricht, sollte man den Halterahmen mit einem scharfen Messer zerlegen.

6 Die beiden Bauteile für das Rankgestell setzt man mit etwas Weißleim zusammen. Am einfachsten gelingt die Montage, wenn man das Gestell auf einem Stückchen Doppelklebeband fixiert.

1

2

3

4

5

6

Trotz des recht widerstandsfähigen Grundmaterials sollte man an den Papiernachbildungen nicht reißen oder zerren, Beschädigungen wären die mögliche Folge. Besser ist es, die Verbindungsstege zum Beispiel mit einem Skalpell sauber abzutrennen. Die meisten Pflänzchen fallen dann von selbst aus dem Rahmen. Lediglich vielblättrige Exemplare wie etwa der Lauch verhaken sich gern im Papierbogen und sollten mit einer Pinzette vorsichtig aus dem Rahmen befreit werden. Ist das gelungen, steht als Nächstes das Formen der Papierpflanzen auf dem Programm. Vernünftig greifen lassen sich aber nur die größten Nachbildungen. Am einfachsten fädelt man die kleineren Gewächse daher auf Stecknadeln auf, in den meisten Fällen ist auch schon ein entsprechendes Loch im Papier vorhanden. Auf diese Weise kann man die Minipflanze bequem an der Nadel halten. Mit den Fingern bringt man dann Stiele und Blätter vorsichtig in die gewünschte Form. Ist das vorbildgetreue Aussehen der zu formenden Pflanze nicht genau bekannt, hilft ein Blick auf entsprechende Abbildungen in Zeitschriften, Büchern oder im Internet weiter. Sehr kleine Details wie etwa Früchte oder Blütenstände greift man am besten mit der Pinzette, um sie in eine naturgetreue Form zu bringen. Bei größeren Pflanzen macht es übrigens auch durchaus Sinn, die Stecknadel an Ort und Stelle zu lassen. Setzt man die höheren Gewächse wie Rhabarber oder Lauch einfach nur mit Klebstoff auf die Fläche, fallen die Pflanzen mit ziemlicher Sicherheit einfach um. Es empfiehlt sich also, Stecknadel und Gewächs mit einer winzigen Menge Sekundenkleber dauerhaft miteinander zu verbinden. Diese Vorgehensweise ist auch bei den schon pflanzfertig angebotenen Exemplaren ratsam. Allerdings bleibt der silberne Nadelkopf meist gut erkennbar und sollte deshalb noch getarnt werden. Ein wenig aufgetupfte Modellbau-Mattfarbe in einem passenden Farbton macht ihn unsichtbar.

Rankende Bohnen

Etwas Bastelarbeit erfordern die Bauteile aus der Packung „Bohnenstangen". Hier gehören Rankgestelle zum Inhalt. Die aus je zwei Teilen bestehenden Gestelle sind aus lasergeschnittenem Echtholz gefertigt. Damit hier nichts beschädigt wird, zerschneidet man den Rahmen der Teile am besten mit einem scharfen Messer. Die beiden Gestellhälften

1 Für die Nachbildung der Bohnenpflanzen liegt der Packung ein Beutel Grünstreu bei. Nachdem die Rankstangen mit etwas Weißleim bestrichen wurden, gibt man das Streumaterial einfach darüber.

2 Auch Zierpflanzen gehören zum Noch-Sortiment der Lasercut-Minis. Hier sind es Kletterrosen und Stockrosen, die dekorativ in einem kleinen Beet an einer Schuppenwand angepflanzt werden.

3 Hier werden mit etwas Weißleim die vorgeformten Erdbeerpflanzen in das vorbereitete Beet gesetzt. Mit den 48 Pflanzen aus einer Packung lassen sich auch größere Flächen gestalten.

4 Besteht der Untergrund wie hier aus einer Holzplatte, muss für das Setzen der Stechnadeln vorgebohrt werden. Mit einem kleinen Akkubohrer ist das schnell erledigt.

5 Bei größeren Pflanzen sollte die Stecknadel als Bodenanker verwendet werden. Ansonsten besteht die Gefahr, dass diese Gewächse umfallen.

6 Je nach Pflanzenform ist der silberne Stecknadelkopf unter Umständen noch gut erkennbar. Ein wenig aufgetupfte Modellbau-Mattfarbe beseitigt den unerwünschten Effekt.

1

2

3

4

5

6

verklebt man mit wenig Weißleim. Für eine möglichst einfache Ausrichtung der Hölzchen kann der Bastler diese auf einem Streifen Doppelklebeband aufstellen. Für die Darstellung der Bohnenpflanzen selbst dient ein wenig mitgelieferte Grünstreu. Mit diesem Material bestreut man die Rankstangen, die zuvor mit Leim bestrichen wurden, von allen Seiten. Damit wären die rankenden Bohnenpflanzen auch schon bereit für den Einsatz auf dem Modellgelände. Bei kleinen, niedrigen Gewächsen genügt für die Befestigung etwas sparsam dosierter Alleskleber oder Weißleim, der unten am Pflanzenfuß aufgetragen wird. Die sparsame Dosierung gilt vor allem für den Weißleim. Dieser enthält eine gewisse Menge Wasser. Verwendet man zu viel vom Klebstoff, wird das Papier in kurzer Zeit vom Wasser aufgeweicht. Noch bevor der Klebstoff trocknet, verwelken die Pflanzen quasi und lassen unschön Blätter und Blüten zu Boden sinken.

Wer die Papiergewächse mit der Stecknadel im Boden verankert, kann ganz auf eine Verklebung verzichten. Schwieriger wird es nur, wenn der Untergrund wie im gezeigten Beispiel aus einer Holzplatte besteht. Dann müssen Löcher für die Stecknadeln vorgebohrt werden, was sich mit einem kleinen Akkubohrer aber recht einfach bewerkstelligen lässt. Die Nadeln sollte man in diesem Fall durch Abknipsen auf wenige Millimeter Länge kürzen.

Nach dem Einsetzen der Pflanzen folgt noch die weitere Ausgestaltung der Szenerie, beispielsweise mit passenden Figuren oder Tieren. Auch typisches Zubehör wie Schubkarren, Gießkannen, Schaufeln und vieles mehr findet man in den Angeboten von Noch und Preiser. Somit sind der Fantasie und dem Gestaltungswillen beim Anlegen von Gärten und Äckern kaum Grenzen gesetzt.

Rankende Bohnen oder Rhabarber. In diesem H0-Garten gedeihen allerlei Nutzpflanzen.

Kletterrosen und andere Blumen lockern hier die Fassade eines Holzschuppens auf.

Vorsicht Kuhfladen!

Eine Modellbahn wird nie fertig. Zum Glück, möchte man sagen. Denn oft ist nicht die Fertigstellung einer Anlage vorrangiges Ziel, sondern das Planen, Bauen, Verwerfen, Ändern und natürlich auch das Spielen. Einige Details werden früh umgesetzt, andere können später hinzukommen.

Zur Ausgestaltung unserer Anlage gehört eine Ladestraße. In früheren Epochen fand man sie in jeder Bahnstation. Am Rande des Gleisfelds gelegen ermöglichten Hilfsmittel wie Förderband und Bockkran das Be- und Entladen der Güter. Die Einrichtung eines Freiladegleises ist leicht möglich. Eine Packung mit dem nötigen Zubehör findet sich bei Auhagen. Der Bausatz enthält eine Fahrzeug-Waage mit Wiegehäuschen, Förderband und Ladebrücke. Die kleinen Modelle bestehen aus nur wenigen Teilen und sind schnell zusammengesetzt, mit Modellbaufarben lässt sich außerdem ein gebrauchtes Aussehen erzielen. Die Straßenelemente bestehen im gezeigten Fall aus Gips. Es sind Abgüsse aus den Formen der Werkstatt Spörle, neben zahlreichen Kopfsteinpflaster-Teilen gehört auch ein Ladestraßenstück mit Begrenzungssteinen zum Sortiment. Für die Herstellung der Abgüsse eignet sich Modellgips. Nach dem Trocknen erhalten die Straßenteile eine Behandlung mit Tiefgrund.
Auf diese Weise kann der Einbau zum Beispiel mit Kontakt- oder Sekundenkleber auf der Anlagen-Grundplatte erfolgen. Der zwischen den Platten fast zwangsläufig vorhandene Spalt lässt sich einfach beseitigen. Die Lücke wird mit der wasserlöslichen Schnellspachtelmasse Toolcraft aus dem Conrad-Sortiment verfüllt. Überschüssiges Material nimmt man dann mit einem kleinen, feuchten Schwämmchen ab. Für den bündigen Einsatz der Fahrzeug-Waage muss in der Gipsstraße außerdem eine entsprechende Aussparung hergestellt werden. Die Position der Waage kann man mit einem Messer in der Gips-Oberfläche anritzen. Mit einem Minifräser arbeitet man die Umrisse heraus, das mittlere Reststück des Pflasters lässt sich dann leicht heraushebeln. Für die abschließende Farbgebung des Pflasters ist eine wässrige Lasur aus Acrylfarben geeignet. Die schmutzig-schwarzbraune Mischung lässt sich leicht anrühren und wird satt aufgetragen.
Etwas Moosbewuchs in den Pflasterfugen macht sich gut. Hierfür bringt man in die Fugen ein wenig matten Klarlack ein und bestreut diese Stellen mit feinem Turf-Streu von Noch.

Am Bahnübergang

Ein Bahnübergang mit Schranken ist ein interessantes gestalterisches Element auf jeder Anlage, besonders wenn er funktionstüchtig ist. Planung und Einbau müssen beizeiten vorgenommen werden, am besten noch vor dem Einschottern der Gleise. Fertigprodukte und Bausätze bieten viele Hersteller an. In

Ladestraße bauen

Die Straßenelemente sind selbst gefertigte Gipsabgüsse aus den Kopfsteinpflaster-Formen der Werkstatt Spörle. Auf ebenen Untergründen genügt zur Befestigung der Teile etwas Sekundenkleber-Gel.

Kleinere Spalten sind bei diesem Baumaterial unvermeidlich. Sie werden mit einer Fertigspachtelmasse verfüllt, überschüssiges Material nimmt man mit einem feuchten Schwämmchen ab.

Zur Ausstattung der Ladestraße gehört auch eine Fahrzeug-Waage mit Wiegehäuschen. Beides findet sich im Sortiment von Auhagen, die Platte der Waage wird in einem Ausschnitt montiert.

Für eine realistische Farbgebung erhält die Gipsfläche zunächst eine hellgraue Grundfarbe. Nach dem Trocknen des Grundanstrichs folgt der Auftrag einer dünnflüssigen Lasur aus den Acrylfarben Braun und Schwarz.

den meisten Fällen sind Aussehen und Technik nicht wirklich optimal, das gilt besonders für die unvermeidlichen Auffahrrampen. Ein preisgünstiger Eigenbau ist unter Umständen die bessere Lösung. Auf unserer Anlage haben wir die Sperrholzstraße von vorneherein auf die Höhe der Schienenoberkante geführt. Ein entsprechendes Anschleifen der 3 mm starken Holzplatten ermöglicht einen bündigen Anschluss an die Schienen. Aus Sperrholz-Plättchen besteht auch das Füllstück zwischen den Schienen der zweigleisigen Bahnstrecke.
Zum Glätten der Sperrholzteile kommt wieder der Toolcraft-Schnellspachtel zum Einsatz. Die Lücke zwischen den Schienen kann man mit Modelliermasse ausfüllen, hierbei muss für die Radkränze der Schienenfahrzeuge eine Rille frei bleiben. Füllstücke aus Kunststoff bietet unter anderem Auhagen an. Dreileiterbahner können natürlich nicht auf den Mittelleiter verzichten. Eine optisch unauffällige Lösung besteht darin, die Stromversorgung mit einem durchgehenden Draht über der Gleisfüllung sicherzustellen. Die Schrankenbäume mit Lagerbock, Stützen und Andreaskreuzen finden sich bei Auhagen. Zusammenbau und Aufstellung sind einfach. Verbindet man die Schranken über feine Stelldrähte im Untergrund mit einem Servo-Antrieb, wie er auch bei den Weichen und Signalen verwendet wird, lässt sich ein realistischer Ablauf darstellen.

Telegrafenleitungen

Ein weiteres Ausstattungsmerkmal der Bahnstrecken früherer Epochen waren die Telegrafenleitungen am Streckenrand. Eine Nachbildung im Modell wirkt sehr reizvoll, sollte aber wegen der Beschädigungsgefahr erst zum Abschluss der Anlagengestaltung vorgenommen werden. Nachbildungen der Masten gibt es von mehreren Anbietern, darunter Faller, Auhagen, Busch und Weinert. Nachdem man die Modelle mit etwas Acrylfarbe auf alt getrimmt hat, verankert man die Masten am besten in entsprechenden Bohrungen mit etwas Klebstoff im Modellbahngelände. Rund 30 cm sollte der Abstand zwischen den Masten betragen. Für die Nachbildung der Leitungen hat sich die sehr feine Gummi-Litze von Weinert bewährt. Der extrem dehnbare Faden wird an den Isolatoren mit einer winzigen Menge Sekundenkleber fixiert, die man am besten mit der Spitze eines Zahnstochers aufbringt.

1 Auf einer frei geplanten Anlage sind die Platten der Zubehörhersteller meist nicht einsetzbar. Mit dünnen Sperrhölzchen ist so ein Übergang aber recht einfach im Eigenbau zu realisieren.

2 Das mittlere Füllstück des Übergangs besteht aus verschieden starken Hölzern, die entsprechend zusammengesetzt werden. Für eine bündige Oberfläche wurden die Kleineisen entfernt.

3 Die Schrankenbäume selbst entstammen einem Auhagen-Modell. Im Untergrund verborgene Servo-Stellantriebe sorgen hier später für ein vorbildgetreues Öffnen und Schließen der Schranken.

4 Die eingesetzten Telegrafenmasten sind bei Auhagen erhältlich, sie wurden vor dem Einbau farblich überarbeitet. Zur Nachbildung der Leitungen eignet sich der feine Gummifaden von Weinert.

5 Nach dem Spannen der Leitung sorgt eine winzige Menge Sekundenkleber für den nötigen Halt. Je nach Anzahl der gezogenen Leitungen sind bei der Montage Fingerfertigkeit und Geduld gefragt.

6 Mit einer dünnflüssigen Lasur erhalten die Leitungen abschließend eine dunkle Farbgebung. Die Lasur besteht aus den mit Feuerzeugbenzin stark verdünnten Ölfarben Schwarz und Braun.

1

2

3

4

5

6

Mit sonorem Brummen passiert die Sound-Variante des Märklin-Schienenbusses einen vorbildgetreu gestalteten Bahnübergang. „Endlich!", wird so mancher der wartenden Autofahrer denken.

Beim Einziehen der Leitungen aus Gummi ist vor allem Geduld gefragt. Die Masten von Auhagen besitzen beispielsweise Isolatoren für zwölf Leitungen. Bei den Kunststoffmasten sollte der Zug auf den Leitungen möglichst gering sein. Zu hohe Kräfte quittieren die Masten ansonsten mit Abbrechen. Dem weißen Gummifaden verhilft ein Anstrich mit einer dünnen Ölfarben-Lasur zu vorbildgetreu dunklem Aussehen. In bestimmten Fällen wird die Telegrafenleitung auch am Boden geführt, hier im Bereich der Brücke. Für die Nachbildung im Modell kommt ein schwarz ummanteltes Stromkabel mit etwa 1,5 mm Stärke zum Einsatz. Der jeweilige Endmast wird mit einem Kabelstückchen versehen, kleine Alu-Streifen bilden die Halteschellen nach. Auf die gleiche Weise wird die Leitung parallel zum Geländer über die Brücke geführt. Die Masten sind übrigens auch für die Errichtung von Stromleitungen erhältlich, Aufbau und Leitungsanbringung gestalten sich wie bei den oben erwähnten Modellen.

Eine Neuheit von Noch brachte eine weitere Ergänzung für unsere Anlage: die neue Serie der Lasercut-Minis. Sie beinhaltet kleine Bausätze aus präzise gefertigten Kartonteilen, zum Beispiel ein Bienenhaus, Signal-Fernsprecher oder Trafo-Häuschen. Letzteres ergänzt die Freiland-Leitungen auf ideale Weise. Das Modell besteht aus nur wenigen Teilen, der Zusammenbau ist schnell erledigt. Als Kleber eignet sich Weißleim oder Sekundenkleber.

Mit etwas Farbe nacharbeiten sollte man die Falzkanten einiger Karton-Bauteile, da ansonsten das helle Grundmaterial sichtbar bleibt. Beim Trafo-Haus betrifft es die Firstkante des Daches, die etwas rotbraune Farbe abbekommen sollte. Mit Alleskleber oder Weißleim wird das Modell anschließend auf der Anlage fixiert.

Details dieser Art kann der Bastler auch nachträglich zur Feingestaltung der Modellbahn einfügen. Dasselbe gilt für die „Kuhfladen" und „Pferdeäpfel" aus Karton von MBZ oder das Gestaltungs-Set „Kartoffelernte" von Preiser mit Fahrzeugen und Figuren. Kleine Basteleien können auch im Eigenbau entstehen, wie zum Beispiel die Steinschlagschutz-Verbauungen an den Tunnelportalen. Diese simplen Einrichtungen bestehen aus Kunststoff-H-Profilen und dunkel gebeizten Holz-Rechteckleisten. Den Raum hinter der Schutzwand verfüllt man abschließend mit feinem Geröll und getrockneten Pflanzenteilen. Wer die betreffende Szenerie später genauer in Augenschein nimmt, erfreut sich immer wieder an der Feingestaltung und wird unwillkürlich mit den Augen auf der Anlage spazieren gehen.

Basteltipp

Eine Anlage muss nicht auf Details verzichten. Hinterlassenschaften von Kuh und Pferd lassen sich mit einem MBZ-Set darstellen, sogar ohne Geruchsbelästigung.

Blumen am Bahnsteig

Auf vielen Modellbahnanlagen ist der Bahnhof nicht nur betrieblicher Mittelpunkt. Durch die recht große Fläche des Areals und die meist exponierte Lage im Vordergrund zieht er auch die Blicke des Betrachters auf sich. Es gilt also, Gebäude und Zubehör mit Bedacht auszuwählen, da der Bahnhof das Aussehen der Anlage entscheidend mitbestimmt.

Bahnhofsmodelle für die heimische Modellbahn gibt es in großer Auswahl. Da fällt die Entscheidung nicht immer leicht. In der überwiegenden Zahl sind die Modellbausätze nach real existierenden Vorbildern geschaffen. Eine geografische Zuordnung des Bahnhofs ist also meist einfach, eine „Besichtigung" von Gebäude und Umfeld dank des Internets auch bequem von zu Hause aus machbar. Eine interessante Neuerscheinung des Jahres 2010 war der H0-Bahnhof „Volgelsheim" von Faller. Mit seinem rotbraunen Sandstein-Mauerwerk hebt sich das Gebäude aus der Masse hervor. Der Bahnhof besteht aus dem zweigeschossigen Mittelteil mit angebautem Wartesaal und Seitenflügel mit Dienstraum und Wohnung, flankiert von einem markanten Uhrenturm. Dank der weitestgehend maßstäblichen Umsetzung wirkt das Bauwerk stattlich, aber nicht übertrieben groß. Besonders viel Mühe hat der Hersteller sich mit der farblichen Gestaltung der Sandsteinwände gegeben. Die aufwendige Bedruckung gibt das Aussehen des Vorbilds sehr gut wieder. Daher kann sich der Bastler die bei den meisten Kunststoffmodellen fällige farbliche Feingestaltung des Modells hier sparen.

Das Vorbild des Faller-Modells existiert heute noch und ist zudem gut erhalten. Der Bahnhof Volgelsheim gehört zur gleichnamigen Gemeinde, die unweit der deutsch-französischen Grenze im schönen Elsass angesiedelt ist. An der Eisenbahnstrecke Colmar – Freiburg gelegen, erhielt die Ortschaft 1880

Das Bahnhofsgebäude „Volgelsheim" ist einem elsässischen Vorbild nachempfunden und stammt von Faller. Mit seiner schon ab Werk aufwendig gestalteten Fassade und den nachträglich mit Blumen geschmuckten Fenstern lädt das Gebäude dazu ein, genauer hinzublicken. Dasselbe gilt für den Pflanzenschmuck am Bahnsteig.

Die Wandteile des Faller-Modells sind bereits sorgfältig bedruckt und überzeugen durch ein vorbildgetreues Aussehen. Lediglich die Fensterrahmen des Toilettengebäudes kann man mit weißer Farbe etwas verbessern.

Die Spritzlinge mit den Fenstern, Türen und Holzteilen lackiert man idealerweise vor dem Zusammenbau mit Mattfarbe. Ist keine Spritzpistole zur Hand, kann man auch matte Bastelfarben aus der Sprühdose verwenden.

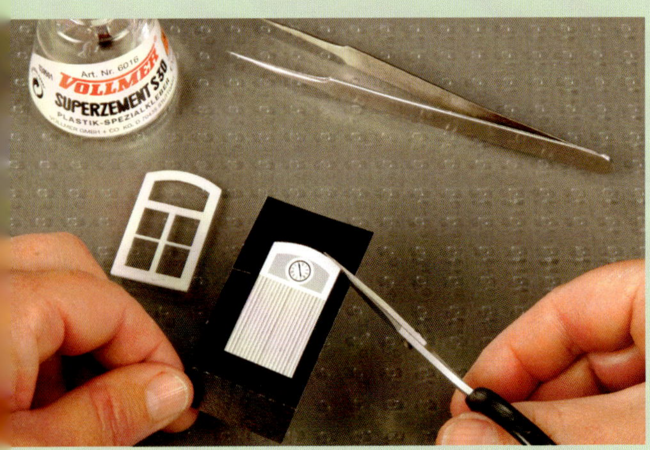

Die dem Bausatz üblicherweise beigelegte Lichtmaske aus Papier soll im gezeigten Beispiel nicht zum Einsatz kommen. Die aufgedruckte Uhr wird aber benötigt und deshalb ausgeschnitten.

Wie bei fast allen Gebäudebausätzen werden im ersten Schritt die Wandteile mit Fenstern und Türen ausgestattet. Der später einsehbare Bereich der Schalterhalle wurde an den Innenseiten bereits farblich gestaltet.

ihren Bahnhof im preußischen Stil mit Güterschuppen und Sanitärgebäude. In den 1990er Jahren erwarb die Gemeinde das Gebäude und unterzog es einer Renovierung. Heute gibt es im Bahnhof Ausstellungen zum Thema Elsässische Eisenbahn zu sehen. Neben einem sporadischen Güterverkehr sorgt eine Museumsbahn für Betrieb auf den Gleisen. Die Verbindung der Dampfbahn mit Schiffsfahrten auf dem nahegelegenen Rhein machen den Besuch der Museumsbahn zu einem ganz besonderen Erlebnis (www.touristenbahn-elsass.de).

Mattlack gegen Plastikglanz

Der Zusammenbau des Empfangsgebäudes ist verhältnismäßig einfach. Mit der Überarbeitung einiger Details kann man das Aussehen auch ein wenig verbessern. Leider ist eine Einrichtung nicht vorgesehen, wie üblich ist das Bauwerk nur ein hohler Kasten. Den Blick ins Innere verwehrt die obligatorische Lichtmaske aus bedrucktem Papier, wirklich interessant ist dieser Anblick nicht. Besonders die ebenerdigen Räumlichkeiten wie Schalterhalle oder Wartesaal sind ja für die Reisenden frei zugänglich, mit Gardinen verhängte Fenster und Türen wirken da recht befremdlich. Auf dem Plan steht deshalb auch eine gründliche Überarbeitung der Innenräume beziehungsweise die Gestaltung derselben. Wie bei allen Bausätzen sollte man sich, bevor Werkzeuge und Kleber in Aktion treten, Bauteile und Anleitung in Ruhe anschauen und den Zusammenbau mit den Ergänzungen ein wenig planen.
Eine Behandlung der Wandteile ist wie schon erwähnt nicht notwendig, die übrigen Teile wie Fenster, Türen und Dachteile wirken durch ihren Glanz aber recht plastikhaft. Zur Korrektur dieses Aussehens genügt ein Überzug mit transparentem Mattlack oder eine Lackierung mit der jeweils passenden, matten Modellbaufarbe. Da der Zusammenbau wie üblich mit dem Einsetzen der Fensterrahmen in die Wandteile beginnt, erhalten diese gleich zu Beginn des Bauvorhabens eine Lackierung mit weißer Farbe. Für die Kolorierung eignet sich jede mattweiße Modellbaufarbe, die man am besten mit einer Airbrush-Pistole aufträgt (alternativ: matte Bastelfarbe aus der Baumarkt-Sprühdose). Am besten behandelt man den ganzen Spritzlings-Rahmen mit dem Lack. Auf diese Weise sind auch gleich die Holzbalken des Dachs neu lackiert. Beim späteren Heraustrennen der Bauteile entstehen natürlich kleine Schäden an der Lackierung. Um diese so gering wie möglich zu halten, sollte man noch vor dem Farbauftrag die

meisten Verbindungen zum Spritzlingsrahmen entfernen. Mit dem Pinsel und etwas mattweißer Farbe lässt sich noch eine farbliche Ergänzung an den Wandteilen des Sanitärgebäudes vornehmen. Hier erhalten die in die Wandteile integrierten Fensterrahmen eine realistisch wirkende Bemalung.
Nach diesen Vorbereitungen kann der eigentliche Zusammenbau des Gebäudes beginnen. Zunächst werden die Wandteile mit den Fensterrahmen und Türen komplettiert. Für die Verglasung kommt eine dünne Klarsichtfolie zum Einsatz, die man vorher noch passend zuschneiden muss. Die später sichtbaren Innenseiten der Wände im Erdgeschoss erhalten ebenfalls eine Bemalung. Ein weißer Grundanstrich mit blauen Zierstreifen und der holzfarbene Anstrich des unteren Wandteils passen sehr gut zum Gebäude. Nicht einsehbar bleiben die oberen Räume der Dienstwohnungen. Mit einem einfachen Kniff kann man aber den Eindruck einer vorbildgetreuen Wandstärke an den Fenstern der oberen Etage erzielen. Hierfür klebt man dünne Plastikstreifen mit einer Breite von rund 5 mm um die Fenster herum. Praktischerweise entstehen so auch gleich Fensterbänke, die sich mit passendem Zubehör ausstatten lassen: mit Blumentöpfen zum Beispiel oder einer Katze, die aus dem Fenster schaut. Für das Abdecken der Fenster greift man entweder zu den gedruckten Vorhängen aus der Lichtmaske oder stellt sich aus Taschentüchern oder Serviettenstoff selbst passende Gardinen her.

Bahnhof mit Innenleben

Zur leichteren Montage der Wandteile ist der Bausatz mit einem Grundrahmen ausgerüstet. Ein Bodenbelag im Erdgeschoss fehlt allerdings ganz, diesen sollte man noch vor der Aufstellung der Wände ergänzen. Am einfachsten klebt man entsprechend strukturierte Kunststoffplatten auf den Rahmen. Die Bastelplatten gibt es mit unterschiedlichem Dekor zum Beispiel von Auhagen. Mit einem Messer lassen sich die dünnen Platten einfach in die gewünschten Abmessungen bringen. Die am Rahmen vorhandenen Aussparungen kann man nach dem Aufkleben der Platten mit dem Messer leicht herausarbeiten. Für den Bau der Innenwände, die ebenfalls nicht zum Inhalt des Bausatzes gehören, eignen sich gleichermaßen verputzte Wandplatten von Auhagen und einfache ABS-Platten, die im Modellbauhandel

1 Mit einem einfachen Trick kann man an den Fenstern eine vorbildgetreue Wandstärke vortäuschen. Dazu klebt man Plastikstreifen mit einer Breite von 4 bis 5 mm um die Fenster herum.

2 Die obere Etage erhält keine Inneneinrichtung, ein Fensterdurchblick ist deshalb nicht erforderlich. Mit schöneren Gardinen aus der Restekiste werden die Fenster verhängt.

3 Fahrkarten- und Gepäckschalter gibt es als Kartonbausatz von MBZ. Die fein gestalteten Bauteile sind schnell zusammengesetzt und passen optisch sehr gut zu dem Bahnhof.

4 Boden und Innenwände fehlen ganz und müssen im Eigenbau erstellt werden. Gut geeignet sind dafür Kunststoff-Bastelplatten mit passendem Dekor von Faller und Auhagen.

5 Nach dem Einbau des Bodens können auch die Schalterwände aufgestellt werden. Sie erhielten zuvor noch etwas Farbe und wurden mit verschiedenen Schildern ausgerüstet.

6 Wenn später noch eine Beleuchtung installiert wird, sollte man den Innenraum mit Figuren und Zubehör beleben. Im Angebot der einschlägigen Hersteller findet sich meist das Passende.

1

2

3

4

5

6

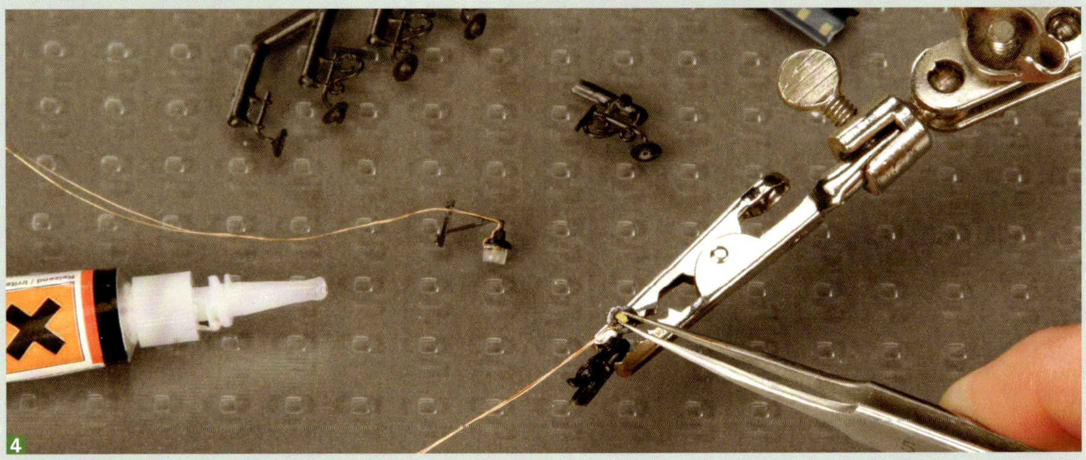

1 *Ähnlich wie die Schalterhalle wurde auch der Warteraum mit Figuren, Bänken, Heizkörpern, Fahrplänen und Werbetafeln ausgestattet. Fixiert wird das Zubehör mit Sekundenkleber-Gel.*

2 *Einige Fenster und Türen erhalten vorgesetzte Gitter. Die Verklebung der Metall-Ätzteile gelingt am einfachsten, wenn man deren Rückseite mit sehr wenig Klarlack benetzt.*

3 *Die mit dem Klarlack versehenen Gitter werden jetzt vorsichtig an ihren Einbauort gesetzt. Damit kein Lack auf das Fensterglas gerät, sollte das Aufsetzen beim ersten Anlauf klappen.*

4 *Die kleinen Wandlampen sind nur Attrappen, lassen sich mit etwas Geschick aber funktionstüchtig machen. Dabei klebt man kleine Leuchtdioden mit Kupferlackdraht einfach an den Schirm.*

5 *Auch für die Beleuchtung der Innenräume kommen die langlebigen und stromsparenden Leuchtdioden zum Einsatz. Eine selbst gebaute Platine mit Widerständen und Gleichrichter stellt die passende Spannung bereit.*

erhältlich sind. Das Bahnhofsgebäude wird auf diese Weise in Eingangsbereich, Dienstraum und Schalterhalle aufgeteilt. Ob diese Einteilung authentisch ist, lässt sich natürlich nicht ohne weiteres überprüfen, das spielt allerdings auch keine große Rolle. Wichtig ist nur eine in sich stimmige Gestaltung, die auf den Betrachter glaubhaft wirkt. Mit einer zusätzlichen Wand erhält auch der angebaute Warteraum einen Abschluss zur Schalterhalle. Eventuell benötigte Türen und Fenster finden sich meist in der Restekiste. Von MBZ (www.modellbahn-zubehör.de) ist unter der Nummer 10191 auch eine Schalterhallen-Einrichtung erhältlich. Die Lasercut-Kartonbausätze sind schnell zusammengesetzt und passen nach der farblichen Gestaltung ohne Änderungen in den Mittelteil des Gebäudes. Die Wände mit Fahrkarten- und Gepäckschalter werden mit Sekundenkleber-Gel befestigt. Für das weitere Zubehör in Form von Sitzbänken, Fahrplantafeln oder Papierkörben gibt es von den einschlägigen Herstellern Sets für die Bahnsteig-Dekoration. Die Figuren entstammen dem breiten Angebot von Preiser. In Sachen Bekleidung der Reisenden schadet es sicher nicht, die darzustellende Epoche im Auge zu behalten.

Authentisch wirkende Beleuchtung

Liebevoll ausstaffierte Innenräume wollen auch ins rechte Licht gesetzt werden. Die beste Ausleuchtung erreicht man mit an den Decken montierten Leuchten. Dafür müssen noch die Geschossdecken eingesetzt werden, die man aus 2 mm dickem ABS-Plattenmaterial selbst herstellt. Die zugeschnittenen Platten werden vor dem Einbau noch mit der Beleuchtung ausgestattet. Als Lichtspender kommen sparsame, langlebige Leuchtdioden zum Einsatz. Mittlerweile werden auch einbaufertige Platinen mit warmweißen Dioden für die Hausbeleuchtung angeboten. Für den erfahrenen Bastler ist es aber kein Problem, eine individuelle Beleuchtung selbst zusammenzustellen, zumal auch die weißen Leuchtdioden heute für kleines Geld zu haben sind. Die punktuelle Lichtstrahlung der Dioden kann man mit einer Art Lampenglas kaschieren. In der Restekiste findet sich vielleicht etwas Passendes. Wer Wert auf eine authentische Beleuchtung legt und Spaß an solchen Basteleien hat, kann übrigens auch die Außen-Wandlampen mit kleinen Dioden funktionstüchtig herrichten. Fertigmodelle solcher Leuchten finden sich im Angebot von Viessmann oder Brawa. Nach dem Einbau der Beleuchtung sollte man diese unbedingt auf ihre Funktion hin überprüfen.

Arbeiten am Dach

Die Innenseite der großen Dachüberhänge sollte eigentlich die Bretter-Verschalung zeigen. Mit einem Messer lässt sich die Holzstruktur schnell einarbeiten, abschließend erfolgt eine Lackierung mit weißer Farbe.

Wie so oft trübt der Plastikglanz des großen Dachteils den guten Eindruck. Abhilfe schafft eine Neulackierung des Bauteils mit Mattfarbe. Im gezeigten Beispiel kommt die Tamiya-Farbe XF 69 Nato-Black zum Einsatz.

Das Dach des Turmes ist beim Vorbild mit Schiefer eingedeckt und darf deshalb auch etwas glänzen. Einen zinkgrauen Anstrich erhalten allerdings die mit Blech abgedeckten Kanten.

Neben einer dem Vorbild entsprechenden äußeren Gestaltung erhalten die Kamine an den Innenseiten einen Anstrich mit mattschwarzer Farbe. Für die Darstellung der Rußspuren eignet sich stark verdünnte Künstler-Ölfarbe.

Bahnsteige einpassen

Die Bahnsteige des Bahnhofs entstehen komplett im Eigenbau. Ein kurzes Musterstück zeigt, ob die Höhe mit 15 mm und das äußere Erscheinungsbild zufriedenstellen können.

Zum Übertragen der leicht geschwungenen Bogenform der Gleise auf die Grundplatte des Bahnsteigs eignet sich ein umgerüsteter Güterwagen. Er ist mit einem verstellbaren Ausleger bestückt, der einen Bleistift hält.

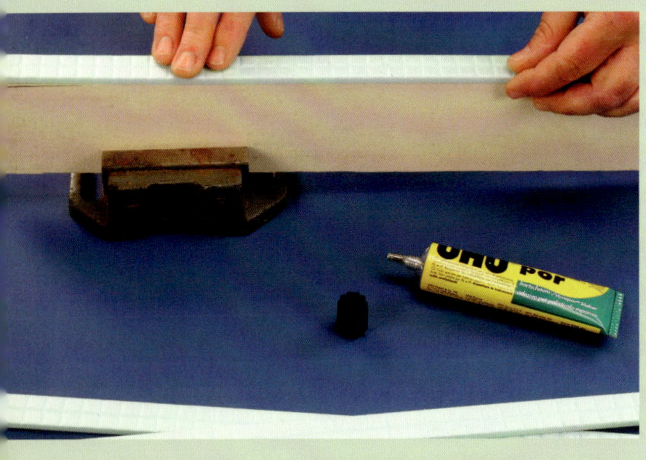

Für die Bahnsteigkanten kommt eine Trittschall-Dämmungsplatte aus Hartschaum mit 5 mm Stärke zum Einsatz. Das Produkt von Selitac ist in Baumärkten erhältlich und weist auf der Rückseite eine passende Struktur auf.

Der fertige Grundkörper des Bahnsteigs wird an seiner Einsatzstelle positioniert und mit Schrauben und Weißleim fixiert. Damit kein Fahrzeug die Kante streift, ist auf eine genaue Ausrichtung zu achten.

Danach steht die Montage diverser Kleinteile auf dem Programm. Einige Fenster und Türen erhalten dekorative Gitter-Vorsätze, die dem Bausatz als Metall-Ätzteile beiliegen. Um Schäden an der Verglasung zu vermeiden, klebt man die Gitter am besten mit Klarlack auf. Nach dem Heraustrennen der Gitter aus dem Rahmen, wofür ein scharfes Messer gute Dienste leistet, ist die Unterseite mit sehr wenig Klarlack zu versehen. Am besten gibt man den Lack als dünne Schicht auf einen Plastikstreifen, in welchen man das mit einer Pinzette gehaltene Metallteil hineindrückt, um es anschließend sofort am Einbauort zu positionieren. Die großen Fenstergitter werden mit ihren Haltestegen direkt am Mauerwerk fixiert. Hier genügt jeweils eine winzige Menge Sekundenkleber für die Verklebung.
Der Aufbau des Daches ist dank weniger Teile einfach zu bewerkstelligen. Allerdings zeigen sich die Unterseiten der Dachüberhänge ganz ohne Strukturen. Die beim Vorbild vorhandenen Bretter lassen sich aber leicht nachbilden. Mit einem Messer sind die Bretterfugen und die Holzmaserung schnell eingeritzt. Diese Bereiche erhalten dann noch einen Anstrich mit mattweißer Farbe. Der Plastikglanz der Obeiseiten verschwindet mit einer matten Lackierung, nur beim Turmdach mit den Schieferplatten ist die seidenglänzende Oberfläche naturgetreu. Die Kanten des Turmdaches sind außerdem mit Blechstreifen abgedeckt. Die angravierten Streifen bemalt man deshalb mit zinkgrauer Farbe. Ebenfalls einen Überzug in Zinkgrau erhalten die Rahmen der Dachfenster und die blechbewehrten Sockel der Schornsteine. Auch die Schornsteinkappen werden mit grauer Farbe betont, von innen erfolgt ein Anstrich in Mattschwarz. Für die Darstellung der äußeren Rußspuren eignet sich eine Lasur aus den Ölfarben Schwarz, Braun und viel Feuerzeugbenzin. Mit der gleichen Mischung kann man den weißen Holzteilen der Dachkonstruktion ein verwittertes Aussehen verleihen. Nach dem Aufsetzen des Daches ist der Bahnhof dann für eine erste Stellprobe bereit.

Bahnsteige im Eigenbau

Für den Bau von Bahnsteigen gibt es eine große Auswahl an Bausätzen, und auch für die Grundplatte des Bahnhofs bietet Faller passende Erweiterungen an. Auf der im Bau befindlichen Anlage liegen die Gleise aber in einem leichten Bogen, und auch der Abstand der Gleise variiert. Mit handelsüblichen Produkten, die in der Regel von einer geraden Gleisführung ausgehen, kommt man da nicht weiter. Somit ist ein Eigenbau angezeigt, der als Vorteil auch noch viele Möglichkeiten zur eigenen Gestaltung bietet. Der Aufbau ist nicht wirklich schwierig, die Materialien sind in jedem Baumarkt zu bekommen. Lediglich bei den Fußgänger-Unterführungen handelt es sich um Bausätze von MBZ, die zum Beispiel bei Conrad Electronic erhältlich sind. Die passgenauen Teile bestehen aus Karton und sind schnell zusammengesetzt. Wahlweise kann man den Treppenabgang mit einem sehr filigranen Geländer oder einer Überdachung ausrüsten. Mit einer LED-Platine ist auch eine Ausleuchtung der angedeuteten Tunnelröhre möglich. Aufgrund der Höhe der Modelle müssen allerdings der Bahnsteig und auch das Trassenbrett die passenden Ausschnitte aufweisen.

Der richtige Abstand

Im ersten Schritt sollte die benötigte Höhe der Bahnsteige festgelegt werden. Ausgehend von den Trittstufen eines Personenwagens ergibt die Messung für die K-Gleis-Anlage eine Höhe von 15 mm ab dem Trassenbrett. Je nach verwendetem Gleissystem kann diese Höhe natürlich auch unterschiedlich sein. Die Oberfläche der Bahnsteige wird mit 3 mm starken Hartschaumplatten belegt, die als Trittschalldämmung im Baumarkt zu haben sind. Die Basis der Bahnsteige aus handelsüblichem Sperrholz sollte also 12 mm stark sein. Auf diese Holzplatten wird im nächsten Schritt der Verlauf des Gleisbogens übertragen. Am einfachsten geht dies mit einem offenen Güterwagen, der mit Ausleger und Bleistift bestückt als Trassenzeichner eingesetzt wird. Wichtig ist natürlich der richtige Abstand zwischen Gleis und Bahnsteigkante. So brauchen Dampfloks mit ihren ausladenden Zylindern meist mehr Freiraum als Diesel- oder Elektroloks. Zu diesem Maß kommt außerdem das Material der Bahnsteigkante hinzu. Auch diese besteht im gezeigten Beispiel aus Hartschaumstreifen mit 5 mm Stärke. Aus Hartschaum geprägte Bahnsteigkanten findet der Modellbahner auch im Heki-Sortiment. Nach dem Anzeichnen der Holzplatten werden die Grundkörper der Bahnsteige ausgesägt. Mit einer elektrischen Stich- oder Dekupiersäge ist das leicht zu erledigen. Die hergerichteten Basisplatten werden dann zunächst an ihrem Platz befestigt, für die Holzteile bietet sich eine Verschraubung an. Zur Kontrolle finden jetzt zuerst einmal Probefahrten statt, um den richtigen Abstand

? Wussten Sie, dass …

… der Zubehörhersteller Busch ein breites Sortiment an Blumenschmuck anbietet? Neben feinen Zier- und Wildblumen wie Rosen und Lupinen aus Kunststoff gibt es Sets mit passenden Artikeln wie Blumentöpfen und -kästen, die man selbst bepflanzen kann.

1 Im Angebot von MBZ finden sich solche Unterführungen als Karton-Bausätze. Das Zusammensetzen der lasergeschnittenen Bauteile ist einfach, fixiert wird mit Weißleim oder Sekundenkleber.

2 Einen besonderen Effekt bei Dunkelheit erreicht man mit einer Beleuchtung der Unterführungen. Hierfür genügt eine aufgeklebte, warmweiße Leuchtdiode an der Decke des Treppenaufgangs.

3 Nach dem Positionieren des Treppenabgangs auf dem Bahnsteig wird der auszuschneidende Bereich angezeichnet. Das betrifft aber nur den schmalen Teil mit den Treppen.

4 Passgenau sollte der Unterführungs-Ausschnitt in der Grundplatte des Bahnsteigs ausfallen. Dafür kommt die Stichsäge zum Einsatz. Zum Einführen des Sägeblatts werden die Ecken ausgebohrt.

5 Da die Unterführung tief hinabführt, muss auch in der eigentlichen Anlagenplatte ein passender Ausschnitt gefertigt werden. Mit einer guten Stichsäge ist diese Arbeit allerdings schnell erledigt.

6 Wegen des angesetzten Tunnelstücks muss die Unterführung von unten eingesetzt werden. Für eine schnelle Befestigung des Teils empfiehlt sich dickflüssiges Sekundenkleber-Gel.

1

2

3

4

5

6

Der Belag der Bahnsteige entsteht mit Hilfe von Streumaterial. Nach dem Bestreichen der Fläche mit dünnem Weißleim wird Schotter der Baugröße Z vom MBC Wilder Kaiser aufgestreut.

Reste eines älteren Pflasterbelags sorgen für ein abwechslungsreiches Aussehen. Die vorhandenen Fugen werden mit einer Mischung aus Spachtelmasse und schwarzer Farbe verschlossen.

Ausbesserungsstellen finden sich oft an Bahnsteigkanten. Hier kommt ebenfalls die Fertigspachtel-Farbmischung zum Einsatz. Mit einem feuchten Pinsel kann man die Flickstelle glätten.

In wenig genutzten Bereichen erobert sich die Natur an den Bahnsteigen ihr Terrain zurück. Mit Grasbüscheln und feinem Turf-Streu von Noch kann man Gräser und Moose leicht nachbilden.

von Gleis und Bahnsteigkante zu kontrollieren. Fällt das Ergebnis zufriedenstellend aus, kann man die Ausschnitte für die Fußgänger-Unterführung anzeichnen und aussägen. Für die Montage der Bahnsteigkanten werden die Basisplatten abgenommen.

Pflasterplatten und Schotterbelag

Die Bahnsteigkanten entstehen aus Hartschaumplatten von Selitac, die auf der Rückseite eine passende Prägung aufweisen. In jeweils 12 mm breite Streifen geschnitten klebt man diese mit einem speziellen Schaum-Kleber wie UHU-Por auf die Kanten der Basisplatten. Die oberen Abschlusssteine bestehen aus 3 mm starken Schaumstreifen, die Plattenfugen ritzt man mit dem Messer ein. Für die Lackierung eignet sich eine betongraue Farbe wie zum Beispiel XF 20 von Tamiya. Nach dem Trocknen erfolgt die Alterung mit einer Lasur aus den Ölfarben Schwarz, Rostbraun und viel Feuerzeugbenzin. Die Lasur wird dünnflüssig angemischt und mit einem weichen Pinsel satt aufgetragen. Nach dieser Aktion steht die endgültige Montage der Bahnsteige auf dem Programm. Es folgt das Aufkleben des Oberflächenbelags aus 3 mm dickem Hartschaum. Die weiche Oberfläche eignet sich gut dafür, die großen Flächen mit weiterem Material zu gestalten. So können Pflasterplatten eingesetzt werden, um ausgebesserte Stellen darzustellen. Vorbildgetreu wirken Gully-Deckel für die Entwässerung oder auch Schacht-Abdeckungen für die Stromverteilung. Solches Zubehör in Metall- oder Kartonausführung führen Noch, Heki oder Langmesser-Modellwelt.

Drückt man die Schaumoberfläche im betreffenden Bereich mit einem flachen Schraubendreher etwas ein, kann man das Zubehör bündig einsetzen. Für die Gestaltung der übrigen Flächen kommt Streumaterial zum Einsatz. Hauptbestandteil ist feiner Echtsteinschotter der Baugröße Z, zum Beispiel das Produkt Moba-Lit aus dem Vertrieb des MBC Wilder Kaiser. Als Kleber dient leicht verdünnter Weißleim, mit dem die zu bestreuende Fläche satt bestrichen wird. Zu große Bereiche sollte man sich nicht auf einmal vornehmen, da der Klebstoff je nach Raumtemperatur recht schnell abbindet. Auch gerade Abschnittskanten sollte man vermeiden, da sie später womöglich sichtbar sind. In das frische Leimbett wird nun Z-Schotter eingestreut. Für einen gleichmäßigen Auftrag empfiehlt es sich, die Öffnung des Streubehälters mit einem Netz, zum Beispiel einem Stückchen Fenster-Fliegennetz, abzudecken. Auf diese Weise lässt sich die Menge des Streumaterials gut

dosieren. Überschüssige Steinchen werden dann mit einem Pinsel vorsichtig von den Abschlusskanten und den eingesetzten Pflasterplatten gefegt. Die endgültige Fixierung geschieht am besten mit Schotterkleber (gebrauchsfertig erhältlich unter anderem bei Conrad Electronic). Damit der Schotter den Klebstoff aufnimmt, besprüht man die Fläche vorher mit Wasser aus der Blumenspritze. Der Schotterkleber lässt sich mit einer Pipette gut aufträufeln. Mit dem weiteren Aufstreuen feiner Sandsorten, die speziell für den Modellbahnbau von Asoa oder Mini-Tec angeboten werden, vermeidet man ein zu eintöniges Aussehen. Die immer vorhandenen Moose und Unkräuter an Kanten, Fugen und in weniger genutzten Bereichen lassen sich mit feinem Turf-Streu von Noch nachbilden. Die Trocknung des Klebers beansprucht etwa 24 Stunden. Danach kann man die Bahnsteige noch mit weiteren Feinheiten gestalten. Mit Asphalt ausgebesserte Stellen entstehen mit Fertigspachtel aus der Tube, dem etwas schwarze Acrylfarbe beigemengt wird. Glätten lässt sich die Masse mit einem angefeuchteten Pinsel. Steht die Montage von Bahnsteigleuchten auf dem Plan, müssen noch passende Bohrungen entstehen. Damit der Oberflächenbelag nicht einreißt, verwendet man hierfür am besten einen Holzbohrer mit Zentrierspitze.

Für die abschließende Ausschmückung der Bahnsteige kommen noch Sitzbänke, Blumen in Kübeln, Fahrplantafeln und natürlich die Reisenden selbst zum Einsatz.

Mit dem feinen Asphalt-Kiesbelag und den verschiedenen Pflasterungen machen die selbst gebauten Bahnsteige einen vorbildnahen Eindruck. Die Unterführungen kann der Modellbahner wahlweise mit einer Überdachung oder wie hier mit einem feinen Geländer ausrüsten.

Zeichen setzen

Viele Signal-Modelle sind als Fertigprodukt oder Bausatz erhältlich. Wer vor Bastelarbeiten nicht zurückschreckt, kann die Modellbahn-Kasse spürbar entlasten. Das gilt auch für die hier gezeigten Flügelsignale, die als Bausatz bei Conrad Electronic erhältlich und im Handumdrehen komplettiert sind.

Signale für die Modellbahn gibt es in großer Auswahl in den Ausführungen als Licht- oder Formsignal. Die Aufstellung der Lichtsignale verleiht den Gleisanlagen eine moderne Anmutung, wenngleich die ersten Exemplare des H-/V-Signalsystems (H/V – Haupt-/Vorsignal) bereits ab 1935 eingesetzt wurden. Formsignale verfügen über meist bewegliche, flächig gestaltete Teile wie Flügel oder Scheiben. Vertreter dieser Bauform sind auf Nebenbahnen noch heute anzutreffen. Die gute alte Gaslaterne hat in der Regel aber ausgedient. Die Beleuchtung der Nachtzeichen erfolgt mittels moderner Lichttechnik, teils auch mit Solar-Batteriebetrieb. Seit Mitte der 1990er Jahre wird zudem ein neues Signalsystem in Deutschland installiert. Die Ks-Lichtsignale (Kombinationssignale) beinhalten auch Geschwindigkeits- und Geschwindigkeits-Voranzeigen. Sie ersetzen nach und nach die Vorgänger des H-/V-Systems und sind auf vielen Hauptstrecken schon in Betrieb. Auf unserer H0-Anlage, die in der Epoche III, im Zeitraum zwischen 1949 und 1970, angesiedelt ist, kommen Formsignale zum Einsatz. Natürlich stellt sich für den Anlagenbauer zuerst die Frage, wo überhaupt Signale aufzustellen sind. Die Bedeutung und Anwendung sind in der Eisenbahn-Signalordnung geregelt, die natürlich nicht jeder Modellbahner zur Hand hat. Viele Informationen, Anwendungsbeispiele und Bilder enthält der MIBA-Report 17 „Signale – Bedeutung und Aufstellung" von Stefan Carstens. Auch der Band 18 „Entwicklung und Bauformen" kann sich für den vorbildorientierten Modellbahner als hilfreich erweisen. Grundsätzlich sollte man bei der Ausstattung einer Modellbahn Folgendes beherzigen. Ein mehrgleisiger Bahnhof ist in der Regel mit Ausfahrsignalen ausgestattet. Eine kleine Nebenbahnstation mit geringem Verkehrsaufkommen kann auch mit einem Gruppen-Ausfahrsignal auskommen. Bei einem Haltepunkt ohne Weichen ist die Aufstellung von Signalen nicht nötig. Die Zufahrten eines Bahnhofs werden mit den Einfahrsignalen abgesichert. Sie stehen an der Grenze zwischen freier Strecke und Bahnhofsbereich. Sind Ausfahrsignale vorhanden, sollte vor dem Einfahr- auch ein Vorsignal seinen Platz finden, das die zu erwartende Stellung der Ausfahrt ankündigt. Bei Nebenbahnen findet statt eines Form- oder Lichtsignals auch eine entsprechende Tafel Anwendung.
Die Strecke zwischen den Bahnhöfen wird in Blöcke unterteilt, die Zufahrt in einen Block regelt das Blocksignal. Dessen Einsatz ist auf der Modellbahn

? Wussten Sie, dass ...

... die ersten Signale Körbe oder Bälle waren, die beweglich an Masten befestigt der Streckensicherung dienten? Sie wurden aber bald durch die Flügelsignale abgelöst, die man vereinzelt auch noch heute in Funktion erleben kann.

1 Der Zusammenbau der Flügelsignale ist zwar etwas knifflig, mit Geduld und dem richtigen Werkzeug aber gut zu schaffen. Zuerst sollte man den Beutelinhalt nach Baugruppen sortieren.

2 Mit der Montage der LED-Beleuchtung ist das Schlimmste erledigt. Vor dem weiteren Bau überprüft man die Funktion der Lampen, die Spannung liefert eine 9-Volt-Batterie mit Vorwiderstand.

3 Eine gute Beweglichkeit der Flügel- und Blendenmechanik ist nur gewährleistet, wenn man die Bohrungen vorsichtig aufreibt. An diesen Stellen hat sich meist Lack abgesetzt.

4 Von der Rückseite her wird die Stellmechanik der Flügel in den Mast eingesetzt. Hierfür ist eine Pinzette hilfreich, den Mast hält ein Stückchen KFZ-Dichtmasse an seinem Platz.

5 Die im Bausatz vorgesehenen Kunststoff-Farbscheiben wirken optisch nicht überzeugend. Hier wurden die Blenden mit einem Klarsichtfilm beklebt, etwas Glühlampen-Tauchlack sorgt für die richtige Farbe.

6 Für die Aufstellung des Signals muss eine Bohrung im Trassenbrett gefertigt werden. Ohne Änderungen am Signalfuß beträgt das Maß 13 mm.

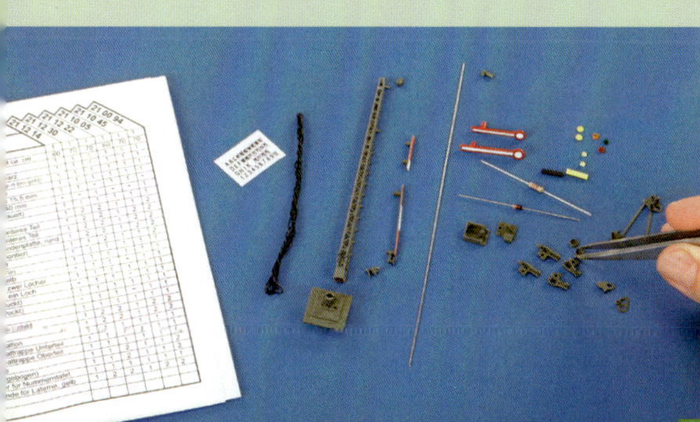

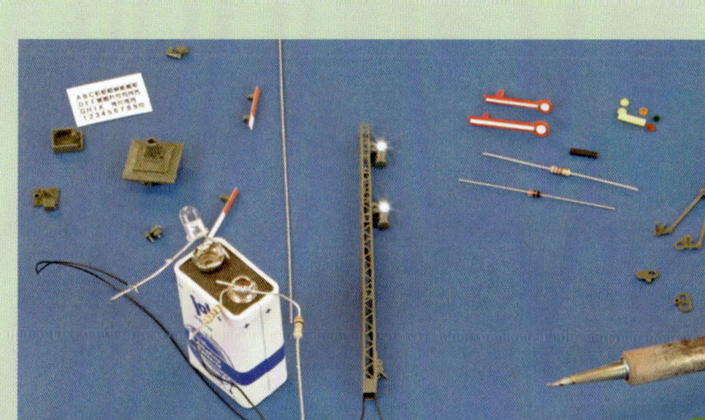

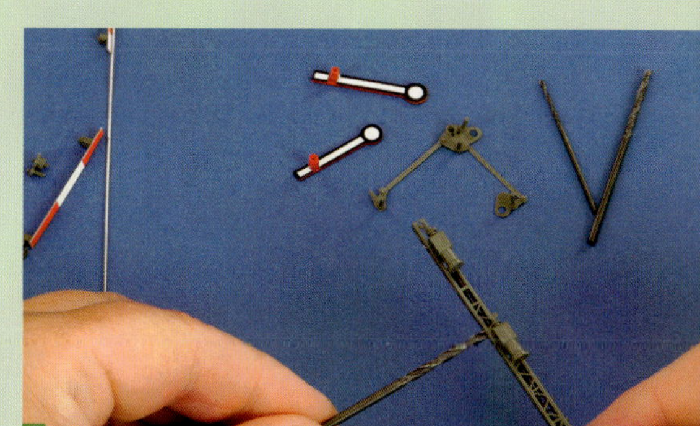

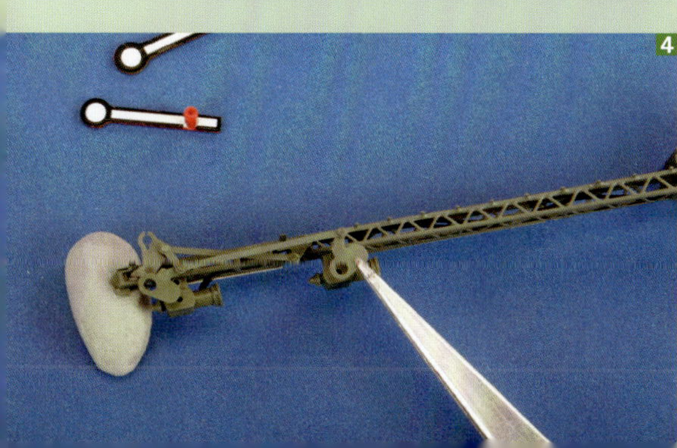

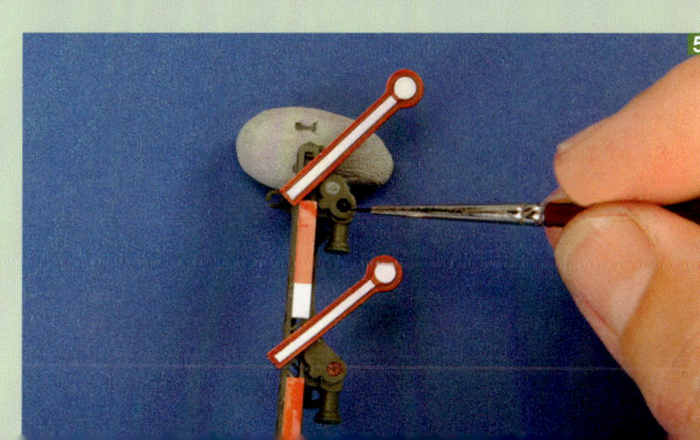

aber nur dann sinnvoll, wenn auch ein längeres Stück freier Strecke vorhanden ist. Finden in einem Bahnhof auch Rangierfahrten statt, sind noch Gleissperrsignale aufzustellen. Auch diese sind für die Modellbahn als Licht- oder Formsignale erhältlich.

? Wussten Sie, dass ...

... auch die kleinen, meist unscheinbaren Signaltafeln wichtige Informationen und Befehle für das Bahnpersonal enthalten? Für die Ausstattung der Modellbahn gibt es Modelle von Faller, Auhagen oder MBZ.

Selbst gebaute Flügelsignale

Das hier gezeigte Flügelsignal stammt von Conrad Electronic und wird als Bausatz angeboten. Sinnvoll ist es, sich zunächst einmal mit den Bauteilen vertraut zu machen und die Vollständigkeit der Teile anhand der Stückliste zu überprüfen. Als Erstes ist der Aufbau der Beleuchtung vorzunehmen, hierbei gehören ein feines Lötgerät und eine Halte-Pinzette zu den benötigten Werkzeugen. Sehr hilfreich ist auch ein Stückchen Dicht- oder Knetmasse zur Fixierung kleinerer Teile. Die Bestückung der kleinen Leuchtdioden und das Einziehen der Kabel für die Beleuchtung sind zugegebenermaßen eine diffizile Angelegenheit, die nur mit Ruhe und Geduld zu erledigen ist. Nach dem Anbau der Laternen sollte auch umgehend ein Funktionstest vorgenommen werden. Damit die nun zu montierende Mechanik möglichst leicht läuft, sollte man die Bohrungen am Metallmast nacharbeiten. Diese sind wegen der Lackierung meist zu eng. Das benötigte Maß kann man an den Wellenstummeln der Mechanik ermitteln. Danach wird das Stellgestänge eingesetzt. Hierfür gilt es, die Anleitung genau zu beachten, denn Stellhebel und Blenden müssen korrekt ausgerichtet sein. Statt der farbigen Plastikscheiben kann man die Lichtblenden auch mit transparentem Klebeband versehen und die Signalfarbe in Form von Glühlampen-Tauchlack auftragen. Für eine Verfeinerung des Aussehens sorgt auch das Bemalen der angeformten Gasflaschen mit grauer Farbe. Für die Montage der Formsignale ist mit 13 mm eine recht große Bohrung im Trassenbrett erforderlich. Ist das passende Werkzeug nicht zur Hand, lässt sich eine kleinere Bohrung mit einer Feile aufweiten. Die Verklebung des Mastsockels auf dem Untergrund lässt sich zum Beispiel mit Sekundenkleber vornehmen. Herstellerseitig ist die Verwendung des elektromechanischen Viessmannn-Stellantriebs vorgesehen, der auch eine Zugbeeinflussung besitzt. Das Abschalten der Fahrspannung ist aber ein recht antiquiertes Vorgehen und bei einem rechnergestützten Betrieb auch nicht notwendig. Im gezeigten

1 Für die Aufstellung und Bedeutung der Signale gibt die Eisenbahn-Signalordnung (ESO) klare Regeln vor. Die Lektüre der MIBA-Sonderhefte „Signale" von Stefan Carstens ist empfehlenswert.

2 Für das Stellen der Formsignale kommen auch die schon bei den Weichen verwendeten Servo-Antriebe zum Einsatz. Ein abgewinkeltes Ruderhorn lenkt die Bewegung in die richtige Richtung.

3 Für die Befestigung der Antriebe auf der Unterseite des Trassenbretts genügt ein doppelseitiges Klebeband. Ist der Einbauort gut zugänglich, können auch Schräubchen eingesetzt werden.

4 Für den Einbau des Formvorsignals ist ein größerer Ausschnitt in der Anlagenplatte zu fertigen. Dank der mitgelieferten Schablone lässt sich die Bohrung mittels Feile in Form bringen.

5 Wo Rangierfahrten stattfinden, sollte das Signal Ra 11 (Wartezeichen) nicht fehlen. Die Rangierabteilung hat hier auf das Zeichen des Wärters zur Rangierfahrt zu warten.

6 Der Abschluss dieses Kopfgleises im Bahnhof wird mit der Signaltafel Sh 2 (Schutzhalt) ausgerüstet. Als Besonderheit ist das Signal auch nachts beleuchtet.

1

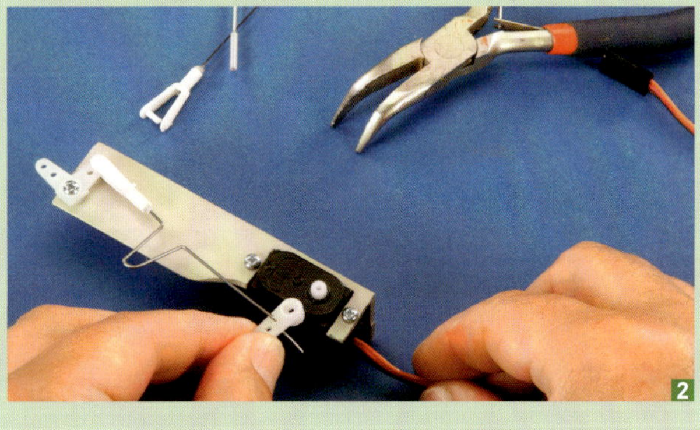
2

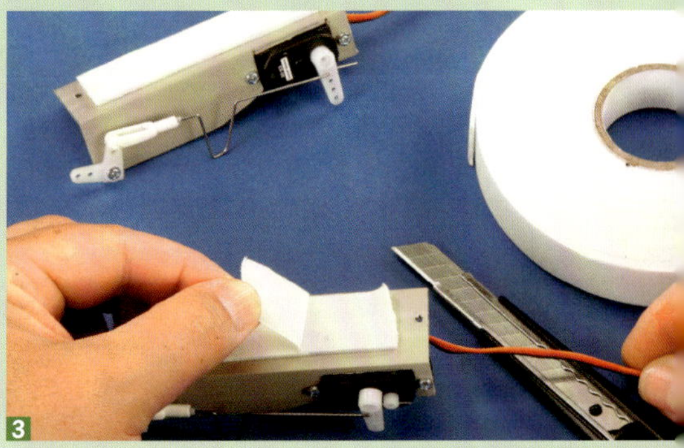
3

4

5

6

„Freie Fahrt" signalisiert dieses einflügelige Blocksignal. Eine kleine Fernsprecherbude darf hier nicht fehlen, das nette Kartonmodell stammt aus der Lasercut-Mini-Serie von Noch und ist rasch zusammengebaut.

Beispiel kommt der schon für die Weichen verwendete Servo-Antrieb zum Einsatz. Mit einem abgewinkelten Stellarm an der Mechanik kann man die passende Bewegung erzeugen, als Stelldraht eignet sich der brünierte Draht des Faller-Car-Systems gut. Die einfachste Montage-Möglichkeit besteht darin, den kompletten Antrieb unter dem Trassenbrett zu befestigen. Das Signal wird dann über den Stelldraht eingefädelt und fixiert. Die Stelldrahtmuffe kommt zum Schluss an ihren Platz und wird vorsichtig an der Signalmechanik angeknipst.

Tafeln und Baken

Zu den Eisenbahnsignalen zählen auch die Signaltafeln, die zwar keine beweglichen Bauteile aufweisen, aber wichtige Funktionen haben. Zu den bekanntesten gehören wohl die Halte-Tafeln am Bahnsteig oder die Vorsignal-Baken. Auch die Gleisanlagen der Modellbahn kann man mit diesen Elementen ausrüsten. Entsprechende Sets gibt es von mehreren Herstellern. Die Ausführung von Faller besteht aus Klebesymbolen, die auf passenden Kunststoffhaltern fixiert werden. Zum Ausschneiden sind die Signalzeichen von Auhagen gedacht. Um eine sehr schöne Ausführung handelt es sich bei den auf festen Karton gedruckten und lasergeschnittenen Tafeln von MBZ. Eine kurze Erläuterung zu Begriff und Aufstellung gehört bei allen Sets zum Inhalt. Weitergehende Informationen finden sich in den schon erwähnten MIBA-Heften. Auch auf einer kleineren Modellbahnanlage lassen sich viele dieser Zeichen aufstellen, neben den schon erwähnten dürften Schutzsignale, Rangierhalttafel, Wartezeichen oder Geschwindigkeitsanzeiger zu den meist verwendeten gehören.

Auch das Grenzzeichen ist übrigens ein Eisenbahnsignal, das auf der Modellbahn daher auch nicht fehlen sollte. Es bezeichnet bei zusammenlaufenden Gleisen den Punkt, bis zu dem das Gleis mit einem Fahrzeug besetzt sein darf. Andernfalls bestünde die Gefahr einer Kollision.

Kleine Nachbildungen des Grenzzeichens gibt es von Erbert und Weinert. Die Ausführung des letzteren Anbieters besteht aus Metall und muss lackiert werden. Ein Eigenbau ist ebenfalls recht einfach möglich. An den Spritzlingsrahmen von Bausätzen sind oft Angüsse in der passenden Form vorhanden, die man nur abtrennen, versäubern und bemalen muss. Sie sind zwar meist etwas zu groß, dafür aber auch aus größerer Entfernung noch sichtbar.

? Wussten Sie, dass ...

... auch das Grenzzeichen ein Signal ist? Die Bezeichnung lautet RA 12, beim Vorbild gibt es verschiedene Ausführungen des Zeichens aus Holz, Metall oder Beton. So sollte der letzte Wagen eines Zuges oder einer Rangierabteilung nicht über das Zeichen hinausragen.

Feiner Fensterblick

Ein kleines Plateau oberhalb der Paradestrecke ruft nach einer weiteren Bastelei. Hier soll ein malerisch im Wald gelegenes Ausflugsziel für die H0-Bevölkerung der Anlage entstehen. Die Wahl fiel auf das Jagdschloss „Falkeneck" von Faller. Ein reizvoll platzierter Hingucker, der rasch die Aufmerksamkeit auf sich zieht.

Was auf viele Bauwerke und Details der Anlage zutrifft, gilt auch für das Jagdschloss. Vermissen würde es niemand wirklich. Ein dichter Wald an dieser Stelle wäre für die Gestaltung ebenfalls in Ordnung. Doch das Schlösschen empfiehlt sich mit seinem Hauptgebäude in Fachwerk-Bauweise, den zwei Türmen mit Kupferdächern, dem Grundsockel aus Mauerwerk sowie der Zugbrücke als interessantes Ausstattungselement. Ähnliche Bauwerke hat nahezu jeder Gebäude-Hersteller im Programm, darunter viele Bausätze, die schon lange im Angebot und vorrangig für die Hintergrund-Gestaltung gedacht sind. Dementsprechend ist die Ausführung auch alles andere als maßstäblich, die Bauwerke sind meist zu klein. Das Faller-Jagdschloss bietet da einen gerade noch vertretbaren Kompromiss zwischen Platzbedarf und Baugröße. Gruppiert man später die Figuren geschickt, fällt die Verkleinerung des Gebäudes nicht sofort ins Auge. Bei der Auswahl eines Bausatzes können übrigens Katalogabbildungen aufschlussreich sein: Auf den ersten Blick scheint beim Faller-Schloss alles in Ordnung zu sein. Die Fahrt der Kutsche dürfte aber spätestens an der viel zu kleinen Zugbrücke enden. Im Zweifelsfall sollte man kein Zubehör verwenden, das dem Betrachter als Größenbezug dienen könnte. Wie bei Faller üblich, bestehen die Bausatzteile aus Kunststoff. Neben dem verräterischen Plastikglanz ist es meist die Zusammenstellung der Farben, die alles recht spielzeughaft aussehen lässt. Doch mit Farbe, Pinsel und ein wenig Geduld kann man in Sachen Aussehen auch bei Plastikgebäuden einiges herausholen.

Mauerwerk mit Struktur

Wie bei allen Bautätigkeiten auf der Modellbahn sind gute Vorlagen auch für die Gebäudegestaltung schon die sprichwörtliche halbe Miete. Im gezeigten Beispiel lieferte ein Bildband mit historischen Gebäuden Anregungen für das Modell. Ein Schlösschen fand sich zwar nicht, wohl aber alte Fachwerkgebäue in ähnlicher Gestaltung. Als Bilderfundgrube dient natürlich auch das Internet, an passenden Vorlagen sollte also kein Mangel herrschen. Neben einer realistischen Gestaltung des Mauerwerks steht vor allem die Behandlung des Fachwerks im Fokus. Viele Vorbilder besitzen hier allerlei Verzierungen, die sich mit ein paar Pinselstrichen auch am Modell umsetzen lassen. Das fertige Modell thront später auf einer

Linke Seite: In diesem Gebäude ist Leben. Der Blick durchs Fenster suggeriert es. Der Betrachter sieht eine Gestalt im Inneren eines der Räume. Was sich dort abspielen mag, darf sich jeder in seiner Fantasie selbst ausmalen.

1 Das Jagdschloss Falkeneck ist schon lange im Faller-Sortiment enthalten. Für die farbliche Gestaltung des Bauwerks kann man geeignete Vorbildfotos zu Rate ziehen.

2 Für eine authentische Farbgebung des Mauerwerks werden zunächst die Fugen mit Strukturpaste gefüllt. Im Dry-Brush-Verfahren erfolgt dann das Bestreichen mit wasserlöslichen Acrylfarben.

3 Die Fachwerkteile erhalten im ersten Schritt eine Grundfarbe mit Spritzpistole oder Sprühlack. Zuvor gilt es aber, alle Gussreste sorgfältig zu entfernen, zum Beispiel mit einem Skalpell.

4 Nach dem Trocknen der Grundfarbe kann man den Teilen mit etwas Moosgrün ein leicht verwittertes Aussehen verleihen. Die Farbe wird vorsichtig mit dem fast farbleeren Pinsel aufgestrichen.

5 Auf manchen Vorbildfotos ist auch bunt bemaltes Fachwerk zu sehen. Im Modell erhalten die Teile deshalb mit dem Pinsel weitere Farben. Das ist zwar recht aufwendig, lohnt sich aber.

6 Besonders schön kommen glänzende Verzierungen in Gold, Silber oder Kupfer zur Geltung. Mit einer entsprechenden Modellbaufarbe werden die Zierteile mit dem Pinsel herausgearbeitet.

Das Schloss entsteht

Sind verschiedenfarbige Bauteile an einem Spritzling vorhanden, wird der Einsatz der Spritzpistole schwierig. Hier erhalten die Bauteile besser mit dem Pinsel ihre gewünschte Farbe.

Das Fundament des Schlösschens besteht hauptsächlich aus der Grundfläche und den Mauerteilen und ist schnell zusammengesetzt. Gummibänder und Modellbauklemmen fixieren die Teile bis zum Aushärten des Klebers.

Sehr vorsichtig müssen die Fachwerkselemente in die Wandteile eingesetzt werden. Damit Letztere keinen Schaden erleiden, gilt es so wenig Kleber wie möglich einzusetzen.

Mit den vorbereiteten Wandteilen ist der weitere Aufbau des Gebäudes schnell erledigt. Der Innenraum des Haupthauses bietet allerdings noch viele Möglichkeiten zur Gestaltung.

Bergkuppe und befindet sich damit annähernd auf Augenhöhe des Betrachters – Grund genug, weitere Highlights einzubauen. Geöffnete Fenster und eine Inneneinrichtung laden zum Verweilen und Entdecken ein. Die Arbeiten beginnen aber zunächst an der Basis des Modells. Die einfarbigen Mauerwerksteile für den Gebäudesockel haben so gar nichts Realistisches an sich. Sie erhalten deshalb zuerst einen satten Anstrich mit einer feinen Strukturpaste. Solche Pasten gibt es in verschiedenen Körnungen und Farben im Künstlerbedarf. Auch Heimwerkermärkte verfügen oft über eine entsprechende Abteilung. Für unser Modell dient die Paste als Fugenmasse. Aufgrund der feinen Strukturen wird die Paste mit etwas Wasser cremig angerührt. Zuviel aufgetragenes Material lässt sich anschließend mit einem Schwämmchen abnehmen. Für die farbliche Gestaltung eignen sich wasserverdünnbare Acrylfarben gut. Sie werden nach dem Trocknen der Strukturpaste mit einem fast trockenen Pinsel aufgetragen. Diese Dry-Brush-Methode färbt nur die erhabenen Elemente des Bauteils, die vorhandenen Fugen und Strukturen bleiben erhalten und werden auf diese Weise sehr schön herausgearbeitet. Für die Farbauswahl der Natursteinmauern gibt es viele Möglichkeiten, hier sollte man sich wieder einer passenden Vorlage bedienen. So ein Mauerwerk ist in der Regel auch nicht einfarbig. Die gewünschten Schattierungen lassen sich nachbilden, wenn man die Grundfarbe mit anderen Farbtönen mischt und variiert. Die beschriebene Gestaltung mit Paste und Farben ist übrigens bei jeder Art von Mauerwerk einsetzbar, ganz gleich ob es sich um ein Tunnelportal, eine Stütz- oder Gartenmauer handelt. Beim anschließenden Zusammenbau des Sockels sollte der Kleber sparsam dosiert werden. Ansonsten besteht die Gefahr, dass dieser hervortritt und die schönen Mauerflächen ruiniert.

Farbenfrohes Fachwerk

Auch dem Fachwerk-Gebälk verleiht die Dry-Brush-Methode ein vorbildgetreues Aussehen. Empfehlenswert ist aber eine vorherige Grundierung mit matter, brauner Modellbaufarbe. Damit beim Heraustrennen der Bauteile so wenig Schäden wie möglich entstehen, sollte man alle entbehrlichen Angüsse entfernen. Es genügt, wenn die Teile für die Farbbehandlung noch am Rahmen hängen. Nach dem Trocknen des Grundtons bestreicht man die Bauteile wieder mit Acrylfarben, der Pinsel ist dabei fast trocken. Für die Farbwahl gilt: Erlaubt ist, was beim Vorbild vorkommt. Eine mehrfarbige Gestal-

Vor dem Einbau der letzten Wand statten wir unser Jagdschloss mit Böden in Form von Auhagen-Bastelplatten aus. Einrichtungsgegenstände von Preiser, Faller und Noch verleihen den Räumlichkeiten ein durchaus gediegenes Flair.

Vor dem Zusammenbau erhalten auch die Dachteile eine Lackierung mit Mattfarbe, in diesem Fall ein selbst gemischtes, typisches Ziegel-Orange. Das vorsichtige Bestreichen mit schwarzbrauner Schmutzfarbe erzeugt realistisch wirkende Witterungsspuren.

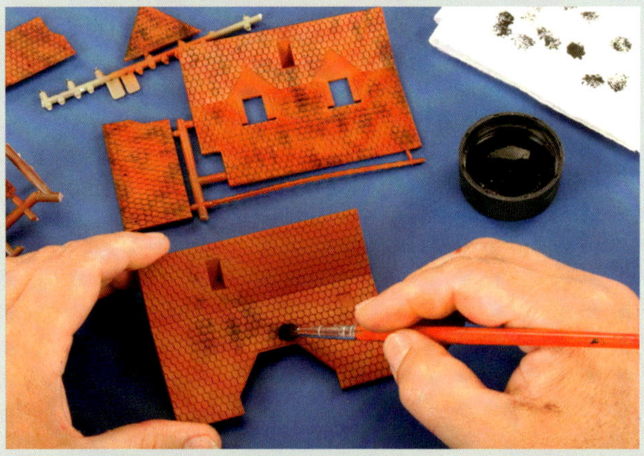

Oben rechts: Dank des schönen Aussehens und der idyllischen Lage hat sich unser Schloss zum beliebten Ausflugsziel gemausert. Die herabgelassene Zugbrücke lädt zur Besichtigung ein.

Rechts: Ein fein gestalteter Garten gehört ebenfalls zum Schlossgelände. Ziehbrunnen und Zaun stammen von Faller und Noch. Blumen und Ziersträucher finden sich im Angebot von Noch, Busch und Mini-Natur.

tung der Fachwerkkonstruktion ist leicht zu bewerkstelligen. Etwas aufgebürstete, beige Farbe erzeugt abschließend den hölzernen Eindruck. Dieses Verfahren ist auch für die anderen Kleinteile wie Türen, Tore oder Balkongeländer geeignet. Das Aufbringen der Verzierungen mit verschiedenen Farben erledigt man am besten ebenfalls vor dem Zusammenbau am Spritzlings-Rahmen. Eine etwas diffizile Sache ist das Einsetzen der Fachwerksteile in die Wandelemente. Hier muss der Kleber sorgsam aufgetragen werden. Hervorquillender Klebstoff sieht nicht nur unschön aus, er greift auch die Lackierung der behandelten Bauteile an.

Der Zusammenbau der Gebäudeteile erfolgt gemäß Bauanleitung. Lediglich beim Haupthaus bleibt die vordere Giebelwand auf der Arbeitsplatte. Die Inneneinrichtung könnte man sonst nicht realisieren. Bauteile dafür sind dem Bausatz allerdings nicht beigefügt, können jedoch im Eigenbau gefertigt werden. Zwei Bastelplatten mit Holzdekor von Auhagen dienen als Zwischenböden. Mit der passenden Bemalung zeigt sich die Oberfläche als altertümlicher Dielenboden. Für die übrige, teils recht rustikale Einrichtung kam alles zum Einsatz, was die Restekiste hergab. Die beiden Kamine entstammen den Noch-Figuren-Sets „Biergarten" und „Grillparty", die Statuen sind Preiser-Figuren, das Mobiliar setzt sich aus Faller-, Vollmer- und Busch-Produkten zusammen. Nachdem auch die Innenwände der Räume einen passenden Anstrich und Zubehör wie Bilder und Vorhänge erhalten haben, kommen die Bodenteile an ihren Platz. Damit das Innenleben sichtbar bleibt, war der Einbau einer Beleuchtung Pflicht. Außerdem wurde die Giebelwand noch mit offenen Fenstern ausgerüstet. In vielen Fällen werden nicht alle Fenstereinsätze gebraucht, sodass sich hier Fensterflügel gewinnen lassen. Ansonsten hilft vielleicht ein Griff in die Restekiste. Zudem bietet Auhagen viele solcher Einzelteile in kleinen Sets an.

Verwitterte Dächer

Mit dem Aufsetzen der Dachelemente nähert sich der Schlossbau seiner Vollendung. Auch diese Teile kommen nicht „ungeschoren" davon. Für das Ziegeldach empfiehlt sich ein Grundanstrich in Rotbraun, zum Beispiel mit der Tamiya-Farbe XF 64. Ältere Biberschwanz-Dächer besitzen oft unterschiedlich gefärbte Ziegel, eine Nachbildung im Modell wäre sicher reizvoll, aber aufwendig. Im gezeigten Beispiel begnügen wir uns deshalb mit einigen Schmutzspuren. Wieder kommt ein fast trockener Pinsel zum Einsatz, diesmal sind es Modellbaufarben, die für die wenigen Striche verwendet werden. Nicht befriedigen kann die Farbgebung der Turmdächer, die beim Vorbild mit Kupferblech ausgestattet sind. Bekanntermaßen bleibt der Kupferglanz nicht lange erhalten, das Metall verfärbt sich über mehrere Nuancen bis hin zum Schwarzgrün. Für unser Schloss haben wir die Bedachung zunächst kupferfarben lackiert. Nach dem Trocknen dieser Basisfarbe kommen die Grüntöne XF 71 und XF 22 aus dem Tamiya-Sortiment zum Einsatz. Sie werden dünn aufgetupft und verleihen den Bauteilen eine dezente Alterung. Nach der Aufstellung des Schlösschens folgt die Gestaltung der Umgebung. Auf die Nachbildung eines Burggrabens haben wir verzichtet, die Zugbrücke blieb allerdings erhalten. In die Geländebauplatte aus Styrodur, die hier als Untergrund dient, wäre das Einarbeiten eines Wassergrabens möglich. Doch angesichts der vielen Details, mit dem das Schlösschen aufwarten kann, dürfte das Fehlen eines Grabens kaum auffallen. Der Betrachter schaut lieber durch die offenen Fenster.

Die abwechslungsreiche Farbgestaltung der Fassade macht das Schlösschen zu einem hübschen Blickfang mitten im Grünen. Kein Wunder, dass auch etliche „Preiserleins" diesen malerischen Ort als Ausflugsziel sehr zu schätzen wissen.

Alltag im Werk

Der zur Verfügung stehende Platz auf einer Modellbahn-Anlage ist meistens begrenzt, dennoch sollte thematisch alles einigermaßen zusammenpassen. Als Ergänzung zum Bahnhofsareal eignen sich beispielsweise Industriebetriebe. Diese können in Anbetracht des geringen Platzangebots auch kleiner ausfallen, zumal es in der dargestellten Epoche III/IV durchaus noch solche kleineren Werke gab. Das Gebäude-Ensemble entsteht aus Resin-Bausätzen. Mit Figuren und einer Inneneinrichtung zieht Leben in die Modelle ein.

Auch auf der Anlage, deren Bau wir hier schildern, war eine Freifläche vorhanden, aber lange Zeit keine Idee für deren Verwendung. Wie unterschiedlich die Herangehensweisen sind, zeigt der Vorschlag eines Besuchers: „Eine Drehscheibe mit Lokschuppen wäre hier gut". Ob dies umsetzbar oder realistisch gewesen wäre, lassen wir dahingestellt sein. Letztlich war es eine kleine Fabrikanlage mit Bahnanschluss, die sich hier ansiedeln durfte. Das Besondere an dieser Szenerie sind die Gebäude selbst. Die Bausätze des Kleinserienherstellers „Müllers Bruchbuden" stellen eigentlich typische Hinterhofbauten dar, lassen sich aber leicht für andere Zwecke herrichten. Als Basis können die Bausätze 109 „Hinterhof-Fabrik" oder 115 „Hinterhof-Werkstatt" zum Einsatz kommen. Mit rund zehn weiteren Gebäuden lässt sich dieser Grundstock zu einem äußerst interessanten Werks-Ensemble zusammenstellen, das früher in einer solchen gewachsenen Struktur überall in Deutschland zu finden war.

Der Zusammenbau der Bausätze, die aus Resin (Kunstharz) bestehen, ist nicht wesentlich aufwendiger als der bei herkömmlichen Kunststoff-Modellen, unterscheidet sich aber in einigen Punkten deutlich. Als Erstes gilt es, ein paar Vorarbeiten zu erledigen. Neben dem Entfernen der Gussreste am Bauteil gehört das Anschleifen der Klebeflächen dazu, um eine dauerhafte Verbindung der Teile zu gewährleisten. Am besten befestigt man einen Schleifpapierbogen der Körnung 100 mit Doppel-

Eine kleine Fabrikanlage mit Gleisanschluss. Das sorgt für kurzweilige Rangierfahrten. Die Gebäudebausätze aus Resin wurden nach dem Zusammenbau mit zusätzlichen Details verfeinert. Das Trafo-Haus im Vordergrund entstand aus einem Lasercut-Bausatz von Noch.

Teile vorbereiten

Unsere Fabrikanlage entsteht aus den Resin-Bausätzen „Hinterhof-Fabrik“ (Nr. 109) und „Hinterhof-Werkstatt“ (Nr. 115) sowie weiteren Gebäuden des Kleinserienherstellers „Müllers Bruchbuden“. Nach dem Auspacken empfiehlt es sich, die Anleitung zu studieren und die Bauteile entsprechend vorzusortieren.

Das Anschleifen der Klebeflächen dient dazu, eine zuverlässige Verbindung der Bauteile untereinander zu gewährleisten. Dazu fixiert man am besten einen Schleifpapierbogen auf einer ebenen Unterlage und zieht die Rückseite des betreffenden Bauteils mit mäßigem Druck in Kreisbewegungen mehrmals darüber.

Eckschrägen lassen sich gut mit einer Schlüsselfeile in flacher Ausführung bearbeiten. Auch Gussreste verschwinden durch das Abschleifen mit diesem Werkzeug. Vorsicht ist hier aber bei den filigranen Fenstern und Türen angesagt.

In warmem Wasser, dem etwas Spülmittel zugegeben wurde, lassen sich unter Zuhilfenahme einer Handbürste Trennmittelreste und Schleifstaub auf einfache Weise entfernen.

klebeband auf einer planen Unterlage. Auf dieser Schleiffläche kann die Rückseite des Bauelements bearbeitet werden, indem man das Teil kreisförmig mit mäßigem Druck über das Schleifpapier führt. Für die Bearbeitung der Eckschrägen eignet sich eine Schlüsselfeile in flacher Ausführung. Gussreste finden sich bei den sehr filigran geformten Fensterrahmen und Türen der Gebäude. Hier heißt es, wirklich sehr vorsichtig zu Werke zu gehen, denn die Teile sind empfindlich und brechen schnell. Die Gusshäute in den Fensteröffnungen entfernt man, indem man die Bauteile wieder auf der planen Fläche von der Rückseite her abschleift. Alternativ kann man die Gusshäute auch vorsichtig mit einem Skalpell herausschneiden. Das funktioniert aber nur, wenn das unerwünschte Material auch dünn genug ist. Bei massiveren Teilen wie Kaminen oder Dächern lassen sich die Angüsse auch mit einer stehend geführten Messerklinge nach und nach abschaben.

Reinigen und Kleben

Nach diesen Vorbereitungen steht zuerst einmal die Reinigung der Bauteile auf dem Programm. Am einfachsten entfernt ein warmes Wasser-Spüli-Bad unter Einsatz einer weichen Handbürste anhaftenden Staub und Trennmittelreste. Heißes Wasser eignet sich übrigens auch gut dazu, verzogene Resin-Teile wieder in Form zu bringen. Einmal für einige Sekunden eingetaucht, wird das Harzteil elastisch. Das Abkühlen auf einer geraden Fläche beseitigt den Makel meist beim ersten Versuch. Nach einer abschließenden Kontrolle der Bauteile kann der Zusammenbau erfolgen. Herkömmliche Kunststoffkleber funktionieren hier aber nicht. Geeignete Klebemittel sind Sekundenkleber in der dünnflüssigen Variante und als Gel. Auch der Einsatz eines Aushärtungs-Beschleunigers kann sich als hilfreich erweisen. Mit einem Aktivator-Spray, erhältlich im Modellbaugeschäft oder bei Conrad Electronic, erreicht man nicht nur eine schnellere Aushärtung der Klebestelle. Der Klebstoff quillt auch ein wenig auf und verstärkt so die Verbindung. Als Hilfsmittel zum rechtwinkeligen Aufstellen der Wandelemente sollte ein kleiner Schreinerwinkel zur Hand sein. Ein Stückchen Backpapier verhindert außerdem das versehentliche Zusammenkleben der Bauteile mit der Unterlage.

Für eine saubere Montage hat es sich bewährt, die Teile zunächst trocken auszurichten und dann mit nur einem Klebepunkt aneinanderzuheften. So kann man die Passung kontrollieren und gegebenenfalls noch korrigieren. Erst dann wird der Kleber auf die

Dank passendem Zubehör wie Gabelstapler oder Lastkarren und Figuren, die sich auf dem Fabrikgelände aufhalten, wirkt die Szenerie aus jeder Perspektive realitätsnah.

1 Die Verklebung der Bauteile geschieht mit Sekundenkleber. Am besten fixiert man die Teile mit Gummibändern und trägt dann den Klebstoff von innen auf.

2 Bodenplatten gehören nicht zum Lieferumfang der Bausätze. Sie lassen sich jedoch aus ABS-Platten oder strukturierten Bastelplatten, zum Beispiel von Auhagen, im Eigenbau herstellen.

3 Das Hauptgebäude wird leicht modifiziert. Dabei müssen die festen Türen weichen. Als Ersatz kommen später Torflügel hinzu, die sich in der Restekiste fanden.

4 Ist der Einbau einer Innenbeleuchtung vorgesehen, werden die im Lieferzustand milchig weißen Wände innen schwarz lackiert, um ein Durchscheinen des Lichtes zu vermeiden.

5 Bevor es ans Kolorieren der Außenwände geht, sollte das fein gravierte Fachwerk abgedeckt werden, zum Beispiel mit Abklebeband von Tamiya.

6 Die Außenwände der Gebäude erhalten eine Behandlung mit dünnflüssiger grauer Fugenfarbe, die sich aus feiner Künstler-Strukturpaste und den Acrylfarben Schwarz und Weiß anmischen lässt.

1

2

3

4

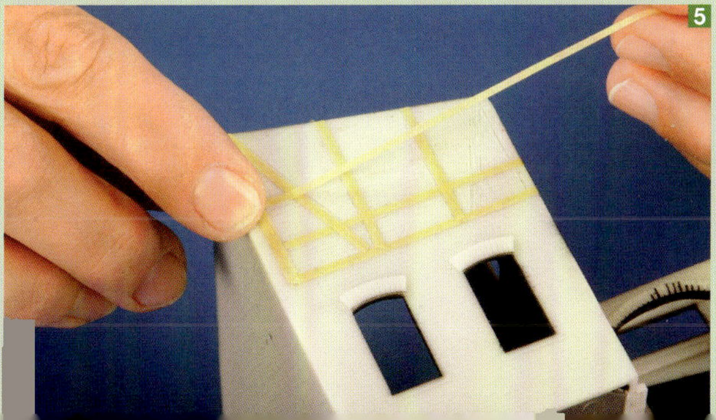

5

6

gesamte Klebestelle gegeben und sogleich mit Aktivator-Spray besprüht. Bei einem rechteckigen Gebäude besteht zudem die Möglichkeit, die Wände mit Gummibändern trocken zu fixieren. Nach dem Ausrichten wird der Kleber von innen dazugegeben.

Fugengrau und bunte Ziegel

Bodenplatten sind für die Gebäude nicht vorgesehen. Sie lassen sich aber leicht aus ABS-Plattenmaterial oder strukturierten Bastelplatten, zum Beispiel von Auhagen, herstellen. Der Einsatz der Böden sorgt nicht nur für mehr Stabilität, sondern ermöglicht auch eine Innengestaltung der Werkstätten – in gut einsehbaren Bereichen eine durchaus sinnvolle Ergänzung. Das beige Kunstharzmaterial der Resin-Bauten erfordert außerdem eine komplette farbliche Gestaltung. Sollen die Gebäude mit einer Innenbeleuchtung ausgerüstet werden, empfiehlt sich als Erstes ein schwarzer Farbauftrag an den Innenwänden, denn die bei den Plastik-Häusern übliche Lichtmaske aus Papier gibt es hier nicht. Die realistische Farbgebung der Außenwände mit ihren Ziegelstrukturen kann auf unterschiedliche Weise erfolgen. Die Wandflächen unserer Gebäude erhalten zunächst eine Behandlung mit dunkler Fugenfarbe. Bei dieser handelt es sich um eine Mischung aus feiner Künstler-Strukturpaste und den Acrylfarben Schwarz und Weiß. Die dünnflüssig eingestellte, graue Mischung wird flächig aufgetragen und sollte dann zuerst einmal gründlich durchtrocknen.

Für die farbige Gestaltung der Ziegelsteine sind grundsätzlich alle Modellbaufarben geeignet, auch die wasserlöslichen Künstler-Acrylfarben könnten zum Einsatz kommen. Die klassische rotbraune Färbung erzielt man mit den Farbtönen Rot, Orange, Rotbraun und Mittelbraun. Bei den Wandflächen sollten nur sehr geringe Mengen an Farbe verwendet werden. Am besten funktioniert der Farbauftrag mit einem breiten Flachpinsel, der vorher auf einem Papier fast trocken ausgewischt wurde. Auf diese Weise erhalten nur die erhabenen Ziegelstrukturen etwas Farbe. Die abwechselnde Verwendung der Farbtöne sorgt für ein vorbildgetreues, nuancenreiches Aussehen des Mauerwerks. Mit einer putzgrauen Farbe erhalten danach die Innenwände, die Fenstersimse und Türstufen eine Bemalung.

Details wie Lampen, Schalter oder Regenrinnen sind auf den Resin-Bauteilen erhaben ausgeführt und

1 Das Einfärben der Ziegelwände erfolgt mit verschiedenen Rot- und Brauntönen; grundsätzlich eignen sich hierfür alle Modellbaufarben, auch Künstler-Acrylfarben. Die jeweiligen Farbtöne werden mit fast trockenem Pinsel aufgebürstet.

2 Die bereits schwarz grundierten Innenwände erhalten noch einen Anstrich in Beige (XF 55 von Tamiya), der mit dem Pinsel vorgenommen wird.

3 Zur weitergehenden Detaillierung der Gebäude trägt ein Geländer von Faller bei. Es sichert den Treppenaufgang und lässt hier somit jede Szenerie mit Figuren weitaus realistischer aussehen.

4 Passendes Zubehör für die Innengestaltung des Fabrikgebäudes findet sich im Sortiment von Noch, Preiser oder Faller. Letzterer bietet ein Set mit Maschinen, Schränken und Regalen an.

5 Mit etwas Sägemehl, Furnierholzstreifen und Preiser-Figuren in Arbeitshaltung kehrt Leben in die kleine Werkstatt ein.

6 Als Lichtspender empfehlen sich die langlebigen Leuchtdioden, wie sie beispielsweise Viessmann im Programm hat. Verbindet man diese untereinander, hält sich das Kabelgewirr in Grenzen.

1

2

3

4

5

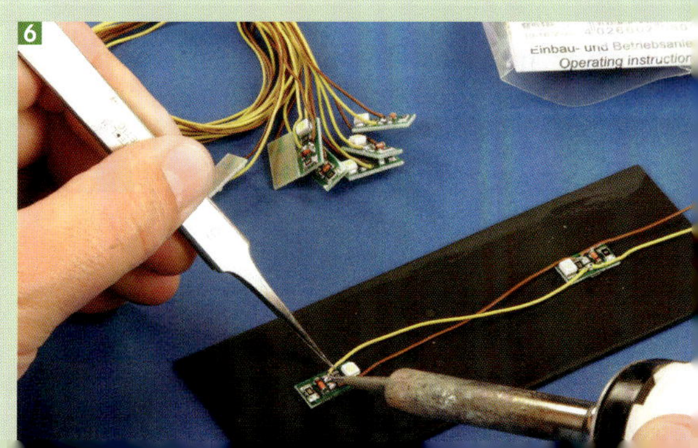

6

werden ebenfalls mit Farbe und Pinsel herausgearbeitet. Anschließend erfolgt das Einsetzen der Türen und Fenster sowie deren Verglasung. Für eine Verfeinerung der Gebäude kann man nach eigenen Vorstellungen weiteres Zubehör montieren. Die Außentreppe einer der Anbauten wurde zum Beispiel mit einem Faller-Geländer gesichert. Stangenlager und Wandkran entstammen dem Auhagen-Sortiment. Auch was die Innengestaltung anbelangt, findet sich bei den Zubehörherstellern ein großes Angebot. Besonders Faller und Preiser führen passendes Zubehör in Form von Maschinen, Schränken, Regalen und vielem mehr in ihrem Programm, um den Betriebsalltag in einem Werk nachzubilden. In der Regel handelt es sich dabei ebenfalls um kleine Bausätze, die zusammengesetzt und bemalt werden.

Eine detaillierte Inneneinrichtung sollte natürlich auch mit einer Beleuchtung ins rechte Licht gesetzt werden. Die Glühlampe hat allerdings auch in kleinen Bauwerken ausgedient, zugunsten der Leuchtdioden (LEDs). Diese sind langlebig und stromsparend, vorgefertigte LEDs mit gelben oder weißen Lichtspendern gibt es zum Beispiel von Viessmann. Die Befestigung geschieht auf einfache Weise mit Doppelklebeband.

Für die Durchführung der Kabel muss die Bodenplatte eine entsprechende Bohrung erhalten, der Anschluss des Lichtelements erfolgt wie üblich am Lichtausgang des Modellbahn-Trafos. Sind alle Arbeiten abgeschlossen, bietet die kleine Fabrik nicht nur „bei Tage", sondern auch wenn es über der Anlage „Nacht" geworden ist, einen reizvollen Anblick.

Blick von der anderen Seite auf das Fabrikgelände. Auf dem Anschlussgleis stehen zwei geschlossene Wagen für die Beladung bereit. Die geöffnete Tür im mittleren Gebäude und die Figur davor suggerieren Geschäftigkeit. Im Innenraum ist die Einrichtung zu erkennen.

Feine Fassaden

Eine Häuserzeile als Anlagenabschluss im Hintergrund, solche Gegebenheiten kommen auf vielen Modellbahnanlagen vor. Ob mit Klein- oder Großstadtcharakter oder doch eher dörflich, die Zubehörhersteller bieten eine breite Palette an passenden Bausätzen an, auch solchen, die lediglich Gebäude-Vorderfronten zeigen.

Handelsübliche Modellgebäude sind in den allermeisten Fällen vollständige Bauten mit Vorder- und Rückansicht. Nur in ganz wenigen Fällen ist auch eine Teilung der Modelle vorgesehen, um für die Hintergrund-Gestaltung zwei Fassaden zu gewinnen. Eine sinnvolle Nutzung der Modelle, denn die Rückseite ist schließlich oft nicht sichtbar und eine große Bautiefe somit nicht erforderlich. Doch nur versierte Bastler tun sich leicht, wenn es darum geht, ein bestehendes Modell für den Anlagenabschluss umzubauen. Der Hersteller Artitec aus den Niederlanden bietet allerdings auch Modelle an, die nur aus der Fassade und wenigen zusätzlichen Teilen wie Balkonen, Seitenstreifen und Dachelement bestehen. Neben einigen Gebäuden nach niederländischem Vorbild gibt es neun Fassaden, die dem Baustil der Gründerzeit aus der Mitte des 19. Jahrhunderts nachempfunden sind. Kennzeichnend sind hier die reich verzierten Fassaden der meist vier- bis sechsgeschossigen Bauwerke, die in vielen Städten Europas errichtet wurden. Diese Modelle sind universell für den Aufbau einer Stadthauszeile einsetzbar. Wie bei Artitec üblich, handelt es sich bei den Bauteilen um Kunstharzprodukte, sie bestehen aus Resin.

Da es sich bei den Modellen wie gesagt nur um die Frontansichten der Gebäude handelt, ist die Anzahl der Bauteile recht gering. So enthält die Bausatzpackung „Fassade K“ (dreigeschossiges Wohnhaus mit einem kleinen Laden im Erdgeschoss) nur drei Teile. Mit knapp zehn Teilen gehört die „Fassade

Eine abwechslungsreich gestaltete Stadthäuserfassade bildet hier den Abschluss der Anlage. Im Vordergrund, am Hausbahnsteig des Bahnhofs, steht das Märklin-Modell des VT 11.5, welches nachträglich gealtert und mit hübschen Details, wie beispielsweise Vorhängen an den Fenstern, verfeinert wurde.

Die Stadthaus-Fassaden der Firma Artitec sind aus Kunstharz (Resin) gegossen. Die Packungen beinhalten nur wenige Teile, die Fassade H gehört mit rund zehn Teilen schon zu den aufwendigeren Bausätzen dieser Reihe.

Im ersten Schritt gilt es, die vorhandenen Gusshäute- und reste zu entfernen. Erstere finden sich in den Fensteröffnungen, sehr dünnes Material kann vorsichtig mit einem Skalpell herausgeschnitten werden.

Ist die Gusshaut zu dick, hilft nur ein rückseitiges Abschleifen des Bauteils. Dazu führt man das Teil mit mäßigem Druck über einen Schleifpapierbogen auf einer möglichst ebenen Fläche.

Wenn genug Material entfernt wurde, fallen die Gusshäute von selbst aus den Fensteröffnungen. Mit Pinzette oder Messer kann man auch ein wenig nachhelfen, Gewalt nehmen die feinen Teile dagegen meist übel.

H" zu den aufwendigeren Bausätzen dieser Artitec-Reihe. Das sehr repräsentative Bauwerk aus der Gründerzeit besitzt ebenfalls drei Geschosse und eignet sich ideal zur Darstellung eines Amtsgebäudes. Der Zusammenbau dürfte auch dem nicht allzu geübten Modellbahner keine großen Probleme bereiten. Bei Modellen dieser Art liegt der Fokus eindeutig auf der farblichen Gestaltung, denn die milchig-transparenten Bauteile aus Resin kann man ohne Bemalung nicht aufstellen. Einige der betreffenden Arbeitsschritte lassen sich mit einer Spritzpistole oder Sprühdose recht einfach erledigen. Für das Herausarbeiten der zahlreichen, zierlichen Details kommt aber ein Pinsel zum Einsatz, was etwas Geduld und Fingerfertigkeit erfordert. Als Entschädigung erhält man dafür sehr schöne Modellbahn-Gebäude, die nicht auf jeder Anlage zu finden sind.

Mit Skalpell und Schleifpapier

Wie auch bei anderen Resin-Bausätzen ist der Werkzeug-Bedarf überschaubar. Einige Bögen Schleifpapier der Körnung 100, ein Skalpell, eine flache Schlüsselfeile und Sekundenkleber sollten im Haus sein. Zunächst wird der Packungsinhalt überprüft. Resin-Teile neigen zum Verzug, und auf diesen hin sollten die Bauteile kontrolliert werden. Findet sich ein verzogenes Teil, ist die Korrektur keine große Sache. In einem heißen Wasserbad oder vorsichtig mit der Heißluftpistole erwärmt, lassen sich die Bauteile auf einer geraden Fläche wieder richten. Als Nächstes steht das Versäubern der Bauelemente auf dem Programm. Materialreste sind bei den in offenen Formen gegossenen Resin-Teilen normal und müssen vor dem Zusammenbau entfernt werden. Am deutlichsten zeigt sich das bei den Fenstern, die mit einer mehr oder weniger dicken Gusshaut verschlossen sind. Wenn man Glück hat, ist diese so dünn, das man das unerwünschte Material einfach mit dem Skalpell herausschneiden kann. Etwas Vorsicht ist in jedem Fall angeraten, denn die meist sehr filigranen Fenstersprossen brechen leicht und dürfen mit dem Messer nicht beschädigt werden.
Im ungünstigeren Fall ist die Gusshaut recht stark ausgebildet. Ein gefahrloses Herausschneiden mit dem Skalpell ist da nicht möglich. Jetzt tritt das Schleifpapier auf den Plan. Auf einer möglichst geraden Fläche ausgelegt, wird das betreffende Bauteil mit der glatten Rückseite über das Schleifpapier geführt. Am besten mit mäßigem Druck und in kreisförmigen Bewegungen, damit später keine Ungleichmäßigkeiten in der Wandstärke auftreten. Dieser

Materialabtrag, der allerdings auch eine recht staubige Angelegenheit ist, dünnt die Gusshäute soweit aus, dass sie irgendwann von selbst aus den Tür- oder Fensteröffnungen herausfallen oder sich zumindest sehr leicht herausnehmen lassen. Auch die Klebestellen der Bauteile müssen sauber und gerade sein. Am besten hält man die Teile einmal trocken, also ohne Klebstoff, zusammen und kontrolliert die Passung. Stimmt der Sitz, kann die Reinigung der Teile erfolgen. Andernfalls heißt es mit Schleifpapier oder Schlüsselfeile die Passung nacharbeiten. Bei den in unserer Modellbau-Werkstatt zusammengesetzten Gebäuden kam das aber sehr selten vor. Im nächsten Schritt müssen die Teile von anhaftendem Schleifstaub und eventuell vorhandenen Trennmittelspuren befreit werden. Hierführ empfiehlt sich ein warmes Spüliwasserbad. Mit einer ausgedienten Zahn- oder Nagelbürste schrubbt man die Bauteile vorsichtig ab, spült sie mit klarem Wasser sauber und lässt sie anschließend trocknen.

Resin-Bauten mit Einrichtung

Das Zusammenfügen der Teile geschieht am besten mit Sekundenkleber. Hier sollte man der dickflüssigen Gel-Form den Vorzug geben. Dieser Klebstoff ermöglicht für eine kurze Zeit Korrekturen in der Ausrichtung der Bauteile und füllt auch kleinere Fugen aus. Hilfreich kann auch die Verwendung eines Aktivator-Sprays sein. Dieser Aushärtungs-Beschleuniger sorgt für ein schnelles Erhärten der Klebestelle und lässt den Klebstoff ein wenig aufquillen, was die Verklebung zusätzlich verstärkt. Mancher Bauschritt muss auf einer geraden Unterlage vorgenommen werden. Ein versehentliches Zusammenkleben von Bauteilen und Arbeitsplatte verhindert untergelegtes Backpapier.

Wie herkömmliche Bausätze bieten auch die Relief-Häuser dem ambitionierten Modellbauer reichlich Raum für Ergänzungen und Verfeinerungen. So kann man mit wenig Arbeits- und Materialaufwand die Fassaden auch mit einem passenden Innenleben ausstatten. Besonders interessant wirken eingerichtete und beleuchtete Läden im Erdgeschoss. Eine Tiefe von rund 5 cm genügt hier völlig. Die Rückseite der Fassade wird quasi mit einem Kasten ausgestattet, der dann die passende Gestaltung erhält. Der Kasten entsteht als einfache Bastelarbeit aus ABS-Plattenmaterial. In der verkleinerten Fassung kann man so einen Kasten natürlich auch für Wohnräume nutzen, die nach der Einrichtung einfach hinter das dafür ausgewählte Fenster geklebt werden. Diese

Fassaden gestalten 1

Dank der geringen Anzahl an Teilen ist der Zusammenbau eine leichte Aufgabe. Als Klebstoff eignet sich Sekundenkleber-Gel, das mit einem so genannten Aktivator-Spray, zum Beispiel von Conrad, hohe Festigkeiten erreicht.

Die Fassadenteile von Artitec sind auch sehr gut für die Umsetzung eigener Ideen geeignet. Hier entsteht mit einfachen Mitteln wie Kunststoff-Bastelplatten aus der Fassade J ein Eckhaus mit eingerichtetem Erdgeschoss.

Um eine vorbildgemäße Mauerstärke vorzutäuschen, werden die Fensteröffnungen auf der Innenseite mit Plastikstreifen versehen. Auf diese Weise entstehen auch Fensterbänke, die man zum Beispiel mit Blumenschmuck ausrüsten kann.

Wer eine Beleuchtung der Häuser vornehmen möchte, kann mit Sprühfarbe ein Durchscheinen der Lichter verhindern. Die erste Farbschicht aus der Dose ist Mattschwarz, danach folgt ein weißer Überzug.

„Wohn-Boxen" sind natürlich auch für die Ausstattung der üblichen Kunststoffgebäude geeignet. Viele der benötigten Einrichtungsgegenstände finden sich im umfangreichen Zubehörsegment von Herstellern wie Faller, Noch oder Preiser. Fallers Packung „Gebäude-Inneneinrichtung" enthält viele nette Möbel, Hausgeräte und Kleinteile zum Zusammensetzen. Nach Themen sortiert gibt es diese Kleinteile auch als Fertigmodell-Sets von Noch und Preiser nebst passenden Figuren.
Manches kann man auch selbst basteln. Verkaufstresen oder Regale lassen sich leicht aus ABS-Streifen herstellen. Die Rolltreppe in unserem Kaufhaus ist ebenfalls ein Eigenbau. Das Erdgeschoss der Fassade H wird als Amtsgericht hergerichtet, hier genügt ein langer Flur mit den Türen der Amtszimmer an der Rückwand. Fallweise sehr klein sind die Dachsegmente geraten. Mit passenden Deko-Bastelplatten lässt sich leicht eine größere Version der Bedachung montieren.

Vorbildgetreue Farbgebung

Ihr dekoratives Aussehen erhalten die fein gestalteten Fassaden mit einer passenden Farbgebung. Wer den Einbau einer Inneneinrichtung mit Beleuchtung plant, muss auch die Rückseite mit Farbe versehen. Dafür erhalten die Flächen zuerst einen mattschwarzen Farbauftrag als Lichtsperre. Danach folgt ein Überzug mit Mattweiß. Für die recht großen Flächen ist der Einsatz einer kleinen Spritzpistole ratsam. Alternativ können auch matte Bastelfarben aus der Sprühdose verwendet werden, wie sie zum Beispiel in vielen Baumärkten erhältlich sind. Für die Farbgebung der Resin-Teile sind grundsätzlich alle Modellbaufarben verwendbar. Bei der Farbauswahl für die Außenwände kann man sich an den Abbildungen auf der Verpackung orientieren oder eigene Vorstellungen umsetzen. Als Grundfarbe sollte man hier immer den helleren Farbton auftragen. Zweifarbige Grundlackierungen lassen sich ganz einfach durch sauberes Abkleben herstellen.
Ein speziell für den Modellbau entwickeltes Klebeband ist das „Masking-Tape" von Tamiya, das in verschiedenen Breiten lieferbar ist. Das feine Band passt sich auch schwierig geformten Untergründen an, hält sehr gut und lässt sich rückstandsfrei entfernen. Auch für das doch recht aufwendige Abkleben der Fassade H kam das Masking-Tape zum Einsatz. Nach dem Auftragen der Grundfarben geht es an die Bemalung des Zierrats. Hierfür muss der Bastler zum Pinsel greifen, und je nach Ausführung des Modells

Fassaden gestalten 2

Je nach Verwendungszweck des Gebäudes kann die Innengestaltung unterschiedlich sein. Ein breiter Gang im Erdgeschoss macht aus der Fassade H zum Beispiel ein Gerichts- oder Behördengebäude.

Erst mit einer entsprechenden Lackierung entfalten die Artitec-Fassaden ihre besondere Wirkung. Anregungen für die Farbgestaltung bieten die Farbbilder auf der Verpackung und die Bemalungshinweise in der Bauanleitung.

Eine besondere Herausforderung ist die zweifarbige Lackierung der Fassade H. Die großen Flächen sollten gespritzt werden, die notwendigen Abklebearbeiten erfordern viel Geduld und Genauigkeit.

Fast ist es geschafft. Mit einem weiteren Farbton werden abschließend noch bestimmte Zierelemente herausgearbeitet. Auf das Aussehen des repräsentativen Gebäudes darf der Bauherr zu Recht stolz sein.

Die Gestaltung ganzer Etagen kann auch im Modell zu einer zeitaufwendigen Arbeit geraten. Einfacher geht es mit kleinen „Wohn-Boxen“ aus ABS-Platten, die später nach Belieben hinter den Fenstern montiert werden.

Für die Ausstattung der Miniaturräume bieten Faller, Noch und Preiser verschiedene Sets mit Möbeln und Zubehör an. Nach dem Dekorieren von Böden und Wänden folgt die Aufstellung der Einrichtungsgegenstände.

Mit Kunststoff- oder Sekundenkleber wird der gestaltete Wohnraum innenseitig an der Hauswand befestigt. Ein Deckel mit Leuchte setzt die Szenerie später ins rechte Licht. Hierfür eignen sich kleine, warmweiße Leuchtdioden gut.

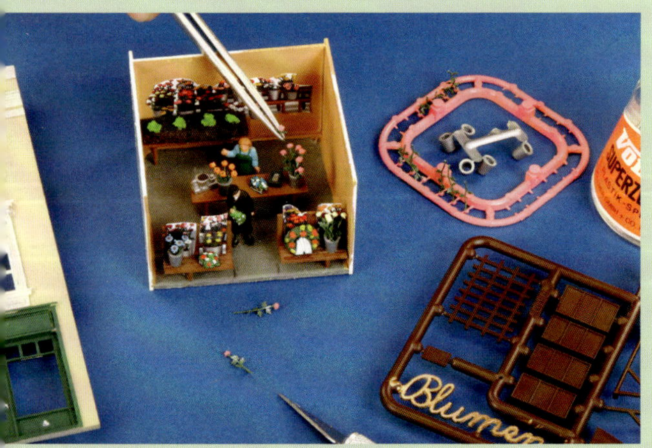

Eine etwas größere Box dient als Geschäftsraum im Erdgeschoss des Gebäudes. Blumen und Zubehör gibt es in verschiedenen Sets von Busch, in der „Schatzkiste 2“ von Auhagen findet sich auch der passende Schriftzug.

wird das Herausarbeiten der Zierelemente zu einem echten Geduldsspiel. Das gilt auch für die Fensterrahmen, die mit dem Pinsel einzeln ihre Farbe erhalten. Das übrige Zubehör ist danach schnell montiert. Die meisten Gebäude besitzen einen Balkon, dessen Geländer als sehr feines Metall-Ätzteil mitgeliefert wird. Das Abkanten der beiden Seitenteile gelingt mit einer feinen Zange, danach erhält das Geländer eine Lackierung, am besten mit Hilfe einer Airbrush-Pistole. Auch beim Anbringen dieses filigranen Bauteils kommt wieder Sekundenkleber zur Verwendung. Die Fassade des Kaufhauses wird noch mit einem Vordach und einer Fahnenstange ausgerüstet. Die betreffenden Bauteile sind mit einer feinen Aufhängung versehen, die Metall-Ösen und Hakenstangen äußerst filigran ausgeführt. Daher sollte man diesen Zierrat sehr vorsichtig anbringen. Hier empfiehlt es sich, die Bemalung der Bauteile erst dann vorzunehmen, wenn sie an ihrem Einbauort fixiert worden sind.

Im Allgemeinen lässt sich in puncto Feingestaltung der Häuserfassaden sagen, dass alternativ genauso gut auch Kunststoff-Gebäudeteile verwendbar sind. Die Materialauswahl ist folglich nicht so entscheidend: Liebevoll ausgestaltete Häuserzeilen bedeuten in jedem Fall ein Highlight auf der Anlage.

Linke Seite: Im unteren Teil der Stadthäuser befinden sich Geschäfte, im rechten Gebäude ist auch ein Kino untergebracht. Die farblich ausgearbeiteten Fassaden und die vielen Passanten in Gestalt von Preiser-Figuren tragen mit zum Reiz der Szenerie bei.

Links: Aus „Preiserlein-Perspektive" fällt hier der Blick in die Bahnhofstraße. Hinter den parkenden Autos ist der Schienenbus von Märklin zu erkennen.

1 Nach dem Aufstellen dieser Statue dürfte die Bestimmung dieses Gebäudes jedem klar sein. Die Figur „Justitia" stammt aus dem Einzelfiguren-Sortiment von Preiser.

2 Auch die Kaufhaus-Fassade erhält eine authentische Ausstattung im Erdgeschoss. Für die Gestaltung von Geschäften bietet Preiser viel Zubehör. Die Rolltreppe in der Mitte ist ein Eigenbau.

3 Durch den Anbau einer Seitenwand muss bei diesem Gebäude auch das Dach erweitert werden. Mit den Kunststoff-Bastelplatten von Auhagen sind auch solche Ergänzungen einfach zu machen.

4 Mit ihrer geringen Bautiefe sind die Artitec-Fassaden ideal für die Gestaltung als Anlagenabschluss geeignet. Für eine sichere Aufstellung genügt ein starkes, doppelseitiges Klebeband.

5 Abschließend folgt die Aufstellung von weiteren Details wie Verkehrsschildern und Straßenlampen. Die nötigen Bohrungen lassen sich in der verwendeten Noch-Pflasterfolie recht einfach anbringen.

6 Viele Modellleuchten sind mit Stecksystemen ausgerüstet, wie die Laternen von Brawa. Durch die bewegliche Lagerung des Sockels ist auch ein Ausrichten des Beleuchtungsartikels möglich.

1

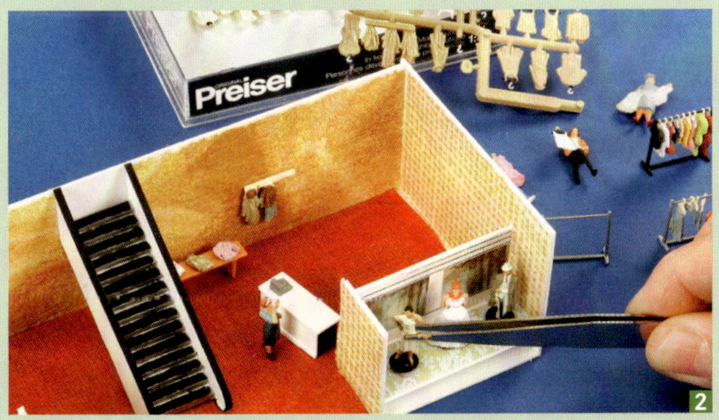

2

3

4

5

6

Licht aus, Lampen an!

Wer für das eigene Vergnügen und für Besucher ein Überraschungsmoment in seine Anlage einbauen möchte, sollte in Gebäuden, an Straßen und Plätzen eine Beleuchtung installieren. Wie anders wirkt die eigene Anlage, sobald im betreffenden Zimmer Dunkelheit herrscht. Nun verströmen liebevoll arrangierte Figurenszenen und aufwendig eingerichtete Innenräume ihr besonderes Flair. Die Miniaturwelt scheint auf einmal lebendig zu werden.

Mit Hilfe von Leuchtmitteln wie den früher verwendeten Glühbirnchen oder den heute gebräuchlicheren LEDs, die sich als stromsparender und preisgünstiger erwiesen haben, lassen sich Motive optisch in den Mittelpunkt rücken. Während bei tagheller Beleuchtung die Augen des Betrachters immer wieder über die gesamte Miniaturlandschaft schweifen, konzentrieren sie sich bei punktueller Beleuchtung auf die erhellten Bereiche. So kann der Modellbahner fast schon wie ein Theaterregisseur mit der Wirkung seiner Motive spielen: „Licht aus, Lampen an!", und das Licht fällt auf einen Platz, auf dem sich nun eine Szenerie erkennen lässt, zu der sich jeder Betrachter eine individuelle Geschichte ausdenken kann. Im Innenhof der kleinen Fabrik steht jetzt zum Beispiel ein Arbeiter im Fokus, der einen vollgeladenen Handwagen vor sich her bugsiert. Was transportiert er da? Warum arbeitet er noch so spät? Wohin müssen die aufgeladenen Bänke? Unweigerlich wird die Fantasie angeregt.

Es macht Spaß, sich eine passende Handlung für die an sich stille kleine Welt auf der H0-Anlage auszudenken. Der nachgestellte Alltag wirkt bei effektvoller Beleuchtung geradezu lebendig.

Die vorbereitenden Arbeiten sollten vor der Gebäudeplatzierung oder Flächengestaltung vorgenommen werden. Denn in den meisten Fällen müssen Bohrungen im Untergrund vorgenommen werden, um Kabel für die Leuchtmittel hindurchführen zu können. Die Innenwände der Gebäude sollten mit

Bei Dunkelheit erwacht die Anlage zum Leben. Die Szenerie ist voller Geschichten. Eine davon handelt vom stadtbekannten und chronisch unterfinanzierten Müßiggänger Frank von Freimann, der sich, ganz in Gedanken versunken, an eine Hauswand lehnt. Das Ehepaar Schröder erinnert sich beim Anblick der Brautmoden an glückliche Stunden, und Frau Schmitt tauscht sich mit einer Bekannten über die aktuelle Dirndl-Mode aus.

Oben (im Uhrzeigersinn): Zu später Stunde steuert der Lokführer, nennen wir ihn Hans Meier, mit seiner V 200 den Bahnhof Volgelsheim an. Stellwerker Ulrich Schneider ist auch noch am Platz und versieht gewissenhaft seine Arbeit. Im Blumenladen brennt ebenfalls noch Licht. Er lockt mit einer bunten Vielfalt an blühenden Pflanzen, die durch das Schaufenster zu erkennen sind. Ein Kunde hat soeben die Qual der Wahl. Und vor dem Bahnhofsgebäude warten Fahrgäste auf die Ankunft ihres Zuges.

Rechte Seite: „Gehen wir heute ins Kino?", fragt der Herr im grauen Jacket seine Herzensdame im bordeaux-roten Kleid. Sie nickt. Beide sind spontan mit dem Auto in die Stadt gefahren, um etwas zu unternehmen. Im Kino wird übrigens ein spannender Film gezeigt: Die Brücke am Kwai.

Unten: Am anderen Ende der Gleisanlagen des Bahnhofs ist noch ein Behelfsstellwerk in Funktion. Die Innenbeleuchtung erlaubt Einblicke in den Arbeitsraum des diensthabenden Stellwerkers.

DIE BRÜCKE AM KWAI
Alec Guinness
William Holden
Jack Hawkins
WILLIAM HOLDEN
ALEC GUINNESS
JACK HAWKINS
DIE BRÜCKE AM KWAI
SAM SPIEGEL
DIE BRÜCKE

Abends im Schloss. Ist das dort die Frau Gräfin? Es scheint so. Sie hat es sich in einem der gediegen eingerichteten Wohnräume gemütlich gemacht.

Rechte Seite: Feierabend. Arbeiter aus der Fabrik holen sich auf dem Weg zum Bahnhof noch rasch die Abendzeitung am Kiosk. Wenig später werden sie im Schienenbus ihre Heimfahrt antreten.

einer Lichtmaske aus Papier, die den Kunststoff-Bausätzen in der Regel beiliegen, verkleidet oder mit einer schwarzen Lackschicht überzogen werden. Letzteres gilt für Gebäude aus Kunstharz (Resin). Ansonsten scheint das Licht der kleinen Lämpchen beziehungsweise Leuchtdioden durch die Wände hindurch und zerstört die Illusion von der kleinen, romantischen H0-Welt, die durch liebevoll eingerichtete Innenräume und Figuren erzeugt wird.

Lichtmontage

Wie bereits erwähnt zeichnen sich die Leuchtdioden (LEDs) gegenüber den herkömmlichen Glühlämpchen durch einen geringeren Stromverbrauch aus, sie erzeugen zudem weniger Wärme – ein Umstand, der die Auswahl des Montageortes erleichtert. Wer die preisgünstig angebotenen Leuchtdioden selbst installieren möchte, sollte zuallererst bedenken, dass diese Gleichstrom benötigen. Die erforderliche Gleichstrom-Spannung liegt, je nach Farbe der gewählten LED, in einem Bereich von ca. 2,5 V bis 4 V. Bei höherer Spannung müssen Vorwiderstände eingesetzt werden. Was das Farbspektrum anbelangt, so reicht die Palette bei den weißen Leuchtdioden von Glühlampen-Gelb mit einer Farbtemperatur von rund 2700 Kelvin bis hin zum bläulichen Kaltweiß mit gut 6500 Kelvin.

Fertigprodukte wie Straßenlampen oder eine Hausbeleuchtung mit glühlampen-gelbem Licht, wie sie beispielsweise von Viessmann angeboten werden, enthalten in der Regel auch schon die langlebigen LEDs. Die angesprochene Hausbeleuchtung arbeitet mit einer Gleichstrom-Spannung von 10 bis 16 V. Solche Komplett-Bauteile sind bereits mit Anschlusskabeln versehen. Auf einer Platine sitzen meist mehrere LEDs und die Elektronik. Man braucht dieses Produkt nur mit dem Modellbahn-Trafo (Lichtausgang) zu verbinden, der die notwendige Spannung zur Verfügung stellt.

Weitere wirkungsvolle Ausschmückungselemente zum Thema Licht finden sich unter der Rubrik Leuchtreklame. Hierzu bieten Zubehörhersteller wie Viessmann oder Busch LED-beleuchtete Reklametafeln beziehungsweise Leuchtflächen mit Schriftzügen an. Damit lassen sich die Hausfassaden ganzer Straßenzüge abwechslungsreich dekorieren.

Zeitschr ften

Kollege Computer

Wer sich ein wenig ausführlicher mit der Funktionsweise einer digitalen Modellbahnsteuerung auseinandersetzt, erkennt deren Vorzüge. Mit grundlegenden Informationen und einer Beschreibung der für unser Anlagen-Projekt verwendeten Komponenten wollen wir zeigen, dass automatisierte Abläufe den Spielspaß keinesfalls ausschließen.

Der Digital-Betrieb auf einer Modellbahnanlage lässt sich in folgende Bereiche aufteilen: Fahrzeug- und Anlagensteuerung. Erstere beeinflusst die Geschwindigkeit der Lokomotiven und ermöglicht das Abrufen von Sonderfunktionen wie den Licht- und Geräuscheffekten. Jede Digital-Lok besitzt einen Empfängerbaustein, den so genannten Decoder, der nur solche Befehle umsetzt, die an seinen Adress-Code gerichtet sind. Somit können viele Triebfahrzeuge unabhängig voneinander auf der Anlage gesteuert werden, damit entfällt die früher übliche Aufteilung der Gleise in mehrere Stromkreise. Auch das Anlagenzubehör wie Weichen und Signale kann über entsprechende Decoder gestellt werden. Kleine, handliche Steuergeräte wie etwa die Mobile Station von Märklin/Trix oder die Lokmaus aus dem Hause Roco/Fleischmann gehören häufig zum Inhalt von Startpackungen. Mit ihnen kann man Fahrzeuge und Zubehör digital steuern, mehr aber auch nicht. Ein weitergehender Betrieb wie die Fahrstraßen- und Blocksteuerung ist damit meist nicht möglich. Für die Verknüpfung von Fahr- und Anlagenbetrieb benötigt man eine vollwertige, stationäre Digital-Zentrale. Bekannte Vertreter sind hier die Märklin-Central-Station (CS) 1 und 2, die Ecos-Zentrale von ESU, der Viessmann-Commander oder die Intellibox von Uhlenbrock. Neben dem Fahr- und Bedienpult beinhalten diese Zentralen einen Speicher, in dem sich bestimmte Betriebsabläufe programmieren und immer wieder abspielen lassen. Eine Blockstellen-Steuerung oder ein Automatikbetrieb etwa für den Schattenbahnhof sind so auf recht einfache Weise realisierbar. Die Fahrzeugbewegungen werden der Zentrale über den Rückmelde-Bus mitgeteilt, dieser gehört bei den stationären Geräten ebenfalls zur Serienausstattung. Einige Geräte verfügen auch über einen Bildschirm, auf dem der Nutzer ein Gleisbildstellpult einrichten und die Zugbewegungen verfolgen kann. Vorbei sind auch die Zeiten, in denen sich der Modellbahner für ein Datenprotokoll, quasi die Sprache des Digital-Systems, entscheiden musste und sich DCC- und Motorola-Fahrer unversöhnlich gegenüberstanden.

Friedliches Miteinander

Die Multiprotokoll-Technik macht ein friedliches Miteinander möglich. Ausnahmen bestätigen natürlich auch hier die Regel. So sind die Märklin-Digital-

Linke Seite: Dank der eingesetzten Steuerung findet die 50er mit ihrem Güterzug einen freien und sicheren Weg durch das Weichenfeld des Bahnhofs. Schon im Interesse der wertvollen Modelle sollte ein störungsfreier Betrieb oberste Priorität haben.

1 Für die Meldung der Fahrzeugbewegungen an Zentrale und PC muss ein Rückmeldesystem installiert sein. Der bekannteste Vertreter ist der Märklin-S88-Rückmelde-Bus.

2 Am Märklin-Rückmeldemodul finden 16 Gleiskontakte Anschluss. Auch hier empfiehlt es sich, die Bausteine möglichst gut zugänglich zu montieren, wie etwa an der Anlagen-Rückseite.

3 Wie Perlen auf einer Kette sind die Decoder miteinander verbunden. Bei größeren Anlagen kann diese starre Montage Probleme bereiten. LDT bietet Verlängerungskabel und Datenweiche an.

4 Am S88-Decoder werden die Gleismelder mit dem Querlochstecker verbunden. Die Reihenfolge ist beliebig, die Kontakt- und Decoder-Nummer wird auf einer Liste oder dem Gleisplan vermerkt.

5 An der Digital-Zentrale findet sich der Anschluss für den Rückmelde-Bus auf der Rückseite (hier im Bild: die CS 2).

6 Die Märklin-Zentralen CS 1 und CS 2 werden über Netzwerkkabel mit dem PC verbunden. Eine grüne LED signalisiert hier die korrekte Verbindung, die gelbe zeigt den Datenaustausch an.

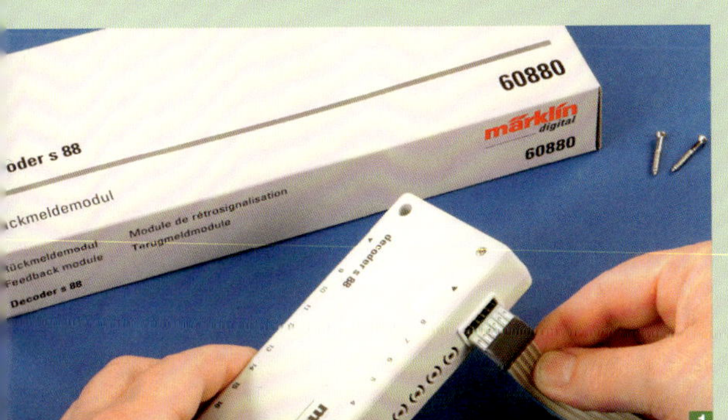

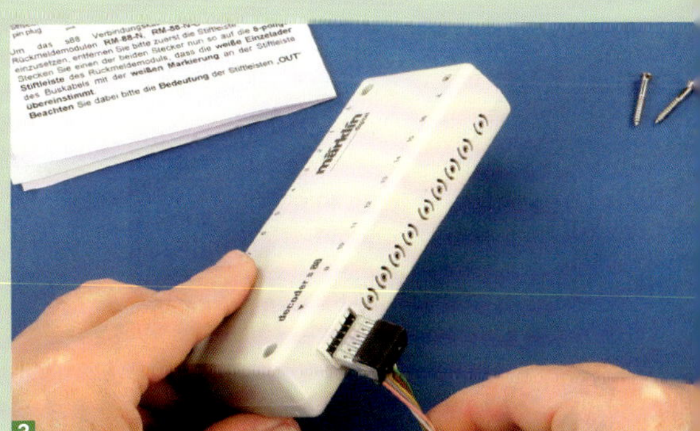

Für eine direkte Verbindung zwischen CS1 oder 2 und dem PC wird ein gekreuztes Netzwerkkabel benötigt. Auch ältere Rechner besitzen diese LAN-Buchse bereits oder lassen sich mit einem entsprechenden PCI-Netzwerk-Adapter nachrüsten.

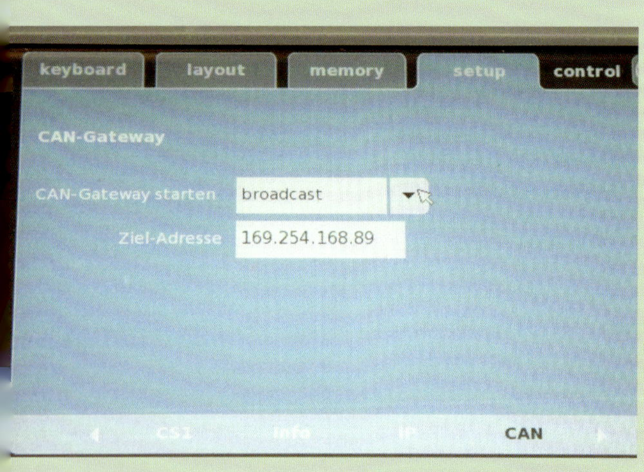

Damit die Verbindung von Central Station und PC problemlos klappt, müssen die Einstellungen im Menüpunkt Setup/CAN richtig gewählt werden. Die Ziel-Adresse ist die IP-Adresse des verbundenen Rechners.

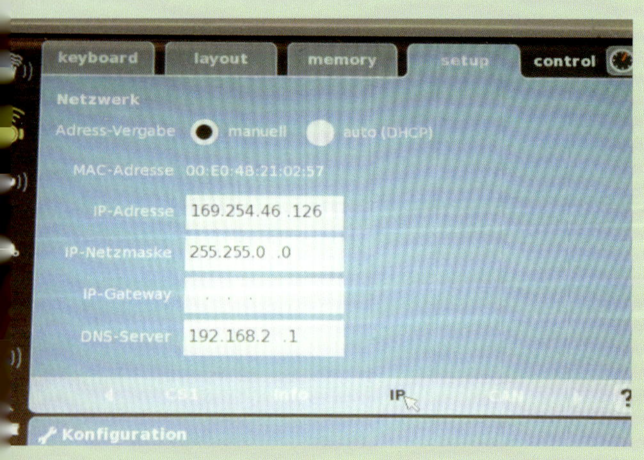

Bei einer direkten Verbindung von CS und PC muss die IP-Adresse der CS manuell eingegeben werden. In einem Netzwerk mit Router erfolgt die Vergabe der Geräte-Adressen automatisch.

Fahrzeuge noch auf den Motorola- beziehungsweise Mfx-Betrieb festgelegt und die Multi-Maus-Pro von Roco arbeitet nur im DCC-Format.

Für die Anschaffung einer Digital-Zentrale sind einige hundert Euro zu veranschlagen. Welches Gerät sich am besten eignet, hängt vor allem von den eingesetzten Fahrzeugen ab. Wer die Vorzüge des Mfx-Betriebes nutzen will, kommt an der Märklin-Central-Station, bevorzugt der CS 2, oder der Ecos von ESU eigentlich kaum vorbei. Hier liegt der Fokus auch eher auf der Fahrzeugsteuerung und -programmierung. Geräte ohne Bildschirm wie die Uhlenbrock-Intellibox oder die Master-Control von Tams sind deutlich günstiger zu bekommen.

Das Rückmeldesystem

Mit Modellbahnern und dem PC verhält es sich ähnlich wie mit Autofahrern und den Kultfahrzeugen „Käfer" oder „Ente". Die einen lieben sie, die anderen hassen sie, dazwischen gibt es meistens nichts. Viele Modellbahner lehnen den Einsatz eines Rechners für die Modellbahn-Steuerung glattweg ab. Vordergründig steht wohl die Angst im Raum, als Sklave der Technik untätig dem Geschehen zuschauen zu müssen. Wer allerdings bereit ist, einmal „über den Zaun" zu schauen und sich unvoreingenommen mit dem Thema beschäftigt, wird schnell feststellen, dass dem nicht so ist. Die modernen PC-Steuerungsprogramme für die Modellbahn erlauben eine vielfältige Gestaltung des Anlagenbetriebs, und diese übertrifft die Möglichkeiten einer Zentrale noch bei weitem. Fairerweise muss dazu gesagt werden, dass die Funktionen der aktuellen Digital-Zentralen ebenfalls ständig mit Hersteller-Updates erweitert werden. Trotzdem reichen sie an den PC nicht heran, von den Annehmlichkeiten wie einem vernünftig großen Bildschirm statt des „Mäusekinos" der Zentralen einmal ganz abgesehen.

Welche Rolle der Kollege Computer spielt, ob als Stellwerker dezent im Hintergrund oder Partner im halbautomatischen Betrieb, bestimmt der Nutzer selbst. Und, ganz nebenbei bemerkt, kann es sehr entspannend sein, dem automatischen Betrieb der Modellbahn einfach nur zuzuschauen.

Ganz gleich, ob Zentrale und/oder PC eingesetzt werden: Für die Registrierung der Fahrzeugbewegungen muss ein Rückmeldesystem installiert sein. Der bekannteste Vertreter dürfte der S88-Rückmelde-Bus von Märklin sein. Die Rückmelde-Decoder verarbeiten die Signale der massebasierten Kontakte. Deshalb ist der Einsatz im Dreileiterbetrieb sehr einfach.

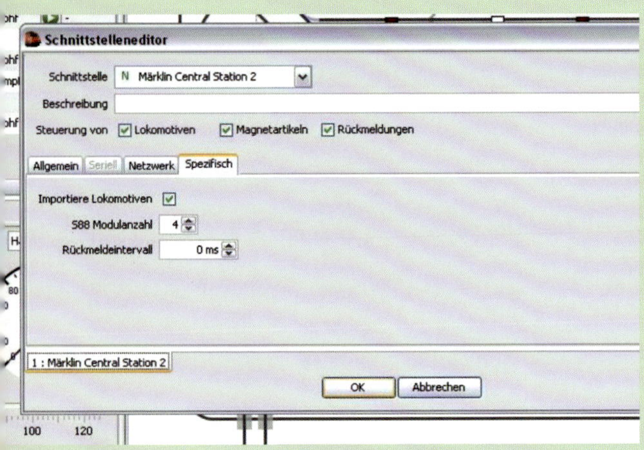

Steuerungs-Software für die Modellbahn gibt es von zahlreichen Anbietern. Wir nützen hier „iTrain" von Xander Berros. Nach der Installation dieses Programms müssen zuerst allgemeine Eingaben wie beispielsweise die eingesetzte Zentrale oder Anzahl der Rückmelde-Decoder gemacht werden.

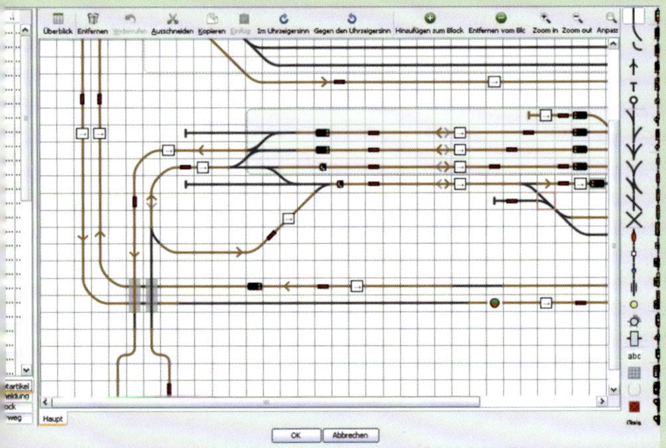

Im Allgemeinen sind die Programme heute so anwenderfreundlich, dass auch größere Gleispläne schnell gezeichnet sind. Es folgt die Eintragung beispielsweise der Magnetartikel-Adressen, Rückmeldekontakte und Streckenblöcke.

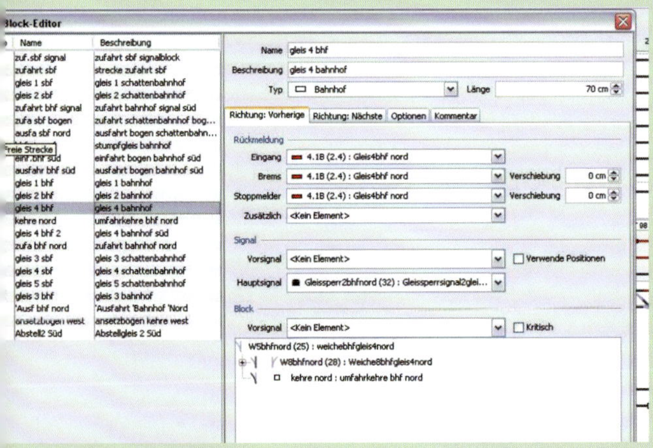

Für einen abwechslungsreichen Betrieb ist die Einteilung der Anlage in sinnvolle Blöcke unerlässlich. Die vielen Eingaben wie Gleise, Kontakte, Weichen und Signale erfasst ein gutes Programm automatisch.

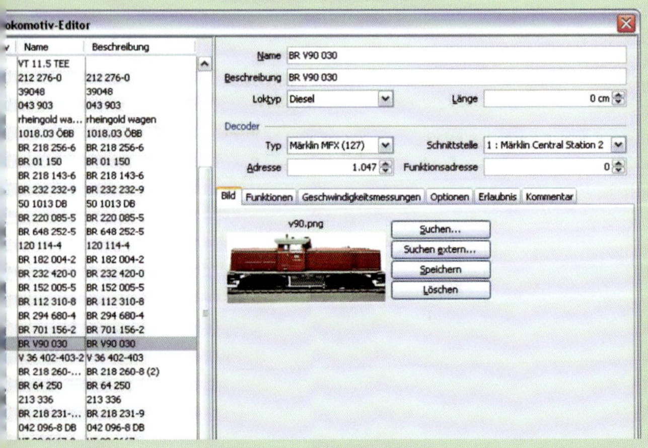

Vielfältige Einstellungen ermöglichen die Lok-Bibliotheken der Steuerungsprogramme. Man kann das Fahrverhalten programmieren, Streckenabschnitte zuweisen oder Lok-Funktionen mittels Gleiskontakten steuern.

Als Rückmeldekontakt wird hier eine der Schienen benutzt, Loks oder Wagen stellen mit den Rädern einen Kontakt zur anderen Schiene (Bahn 0) her. Dieser Impuls wird vom Rückmelde-Decoder unter der Kontaktnummer verarbeitet und an die Zentrale gemeldet. Die Rückmelde-Decoder werden übrigens nicht nur von Märklin angeboten, für den S88-Bus gibt es zum Beispiel auch Produkte von LDT, Tams oder „Bolls Modelbahn-Technik". Auch für die Zweileiterbahner, die die beiden Schienen ja nicht miteinander verbinden dürfen, gibt es Geräte für den S88-Bus. Sie heißen Gleisbesetztmelder und beinhalten Stromfühler, die den Stromverbrauch der Fahrzeuge registrieren und als Ereignis an die Digital-Zentrale weiterleiten.

Scheinbar nicht auszurotten ist das Gerücht, der S88-Bus wäre sehr störanfällig. Unsere Erfahrungen im Anlagenbau können das nicht bestätigen. Bei der hier gezeigten Anlage ist es nicht einmal gelungen, eine Störung zu provozieren. Traten Fehler auf, war die Ursache immer eine mangelhaft ausgeführte Isolierung des Gleis-Meldestücks. Trotzdem sollte man bei der Kabelverlegung etwas Sorgfalt walten lassen. Grundsätzlich ist es nicht schlecht, die Kabel des Rückmeldesystems möglichst weit entfernt von den spannungsführenden Kabeln der Anlage zu installieren. Vorsorglich sollte man auch die Verbindungen vom Gleis zu den Rückmelde-Decodern und die Buskabel zwischen den Decodern so kurz wie möglich halten.

Besonders für Märklin-Bahner steht die Frage nach der Anzahl der benötigten Rückmeldekontakte, also der isolierten Gleisstücke, im Raum. Spätere Änderungen am K-Gleis sind schwierig, beim C-Gleis aufgrund der unerreichbaren Steckkontakte in der Gleisböschung unmöglich. Schon beim Gleisaufbau muss hier also zielgerichtet gearbeitet werden.

Für einen ereignisgesteuerten Betrieb via Zentrale genügen wenige Kontakte, manche PC-Steuerungen verlangen viele. Jeder angeschlossene Rückmelder belastet außerdem das Modellbahn-Budget mit rund 5 Euro. Um sich keine Möglichkeiten im wahrsten Sinne zu verbauen, empfiehlt es sich im Bahnhofsbereich, dazu zählt auch der Schattenbahnhof, Gleismelder mit rund 40 cm Länge einzurichten. Auf der freien Strecke sollte die Länge eines Flexgleises von etwa 90 cm genügen. Stellt sich später heraus, dass einzelne Melder zu kurz oder überflüssig sind, kann man sie mit dem vorhergehenden oder folgenden Gleisstück über das angebrachte Kabel wieder verbinden. Außerdem sollte man, wie schon im Gleisbau-Kapitel empfohlen, unbedingt die soeben eingerichteten Rückmelder sofort am Kabel mit einer Beschriftung versehen, die einen kurzen Namen, die Länge des isolierten Gleisstücks und, falls schon bekannt, die Kontaktnummer enthält. Das erspart einem später Kummer.

PC und Zentrale – clever verbunden

Da viele Mfx-Loks zum Einsatz kommen, dient auf unserer K-Gleis-Anlage eine CS 2 als Digital-Zentrale. Das selbstständige Anmelden der Fahrzeuge und die Bearbeitung der Decoder-Einstellungen sind eine feine Sache. Recht eingeschränkt ist allerdings die Funktionalität der CS 2 in Sachen Anlagensteuerung. Der Einsatz eines PCs für einen vorbildgetreuen und abwechslungsreichen Fahrbetrieb war deshalb von Anfang an geplant.

Für die Verbindung von Rechner und Zentrale gibt es zwei Möglichkeiten. Mit ihrem Netzwerkanschluss kann die CS 2 über einen Router als weiteres Netzwerkgerät arbeiten. Mit einem so genannten Crossover-Kabel ist aber auch eine direkte Verbindung zum PC möglich. Gleiches gilt übrigens auch für die CS 1. Wichtig ist die Eingabe der richtigen IP-Adressen in der Maske „Setup" unter den Menüpunkten „CAN-Gateway" und „Netzwerk". Die Zieladresse ist die des Rechners, die IP-Adresse der CS stellt man am besten manuell ein. Die ersten beiden Stellen der Adressen und die Werte unter der Netzmaske müssen identisch sein, der letzte Wert der IP-Adressen darf es nicht. Ob die Verbindung klappt, kann man leicht überprüfen. Im Webbrowser des Rechners gibt man dazu die IP-Adresse der CS ein. Dann sollte das Menü-Fenster der CS erscheinen. Für die Steuerung der Anlage benötigt man noch eine entsprechende Software. Das Angebot hierzu ist recht groß.

Manche Programme wie „Rocrail" sind Freeware, also kostenlos, für die Vollversionen der bekannten Programme wie „Traincontroller" oder „Railware" sind rund 500 Euro und mehr fällig. Welche Software die Richtige ist, hängt natürlich von den eigenen Vorstellungen und Möglichkeiten ab und kann allgemeingültig nicht beantwortet werden. Grundsätzlich kann man davon ausgehen, dass die Freeware-Programme nur zum Ziel führen, wenn der Nutzer auch bereit ist, sich mit der Programmierung eingehend auseinanderzusetzen. Auf der anderen Seite bezahlt man bei den Komplettpaketen Funktionen mit, die man niemals nutzen wird. Zum Glück gibt es von den meisten Programmen Demo-Testversionen, die man vor der Kaufentscheidung gratis ausprobieren kann, teils allerdings mit deutlichen Beschränkungen. Für unsere Anlage haben wir den Weg der goldenen Mitte gewählt. Die noch recht junge Steuerungs-Software „iTrain" ist preisgünstig, leicht bedienbar und eines der wenigen Programme, die auch für Mac- und Linux-Rechner verwendbar sind. Die registrierte Demoversion ist kostenlos erhältlich und bietet für zwei Monate den vollen Funktionsumfang zum Testen. Nach dem Download des Programms werden zunächst die Eingaben in Sachen Zentrale, Schnittstelle oder die Anzahl der Rückmelde-Decoder gemacht. Danach steht das Zeichnen des Gleisplans auf dem Programm. Eine mittelgroße Anlage lässt sich gut auf dem Bildschirm darstellen, die Funktionen des Gleisbild-Editors sind überschaubar und leicht erlernbar. Hier werden auch die Adressen der Weichen und Signale und die Nummern der Rückmeldekontakte eingegeben. Anschließend wird der Gleisplan in Blöcke aufgeteilt. Jeder Block muss mindestens einen Rückmelder enthalten. Für einen reibungslosen Betrieb sollten sich die Blöcke möglichst nahtlos aneinanderfügen, im günstigsten Fall sind Unterbrechungen nur da vorhanden, wo sich Weichen befinden.

Die möglichen Fahrstraßen findet „iTrain" selbstständig heraus, unter der Voraussetzung, dass jeder Block den vorhergehenden und den folgenden Block kennt. Auch für diese Eingaben gibt es eine Automatik-Funktion, die man im Zweifelsfall auch manuell bearbeiten kann. Verfügt die Digital-Zentrale über einen Lok-Datenspeicher, wird dieser automatisch ausgelesen. Die Fahrzeuge werden angezeigt.

Wie die meisten Programme bietet „iTrain" mehrere Betriebs-Modi. Im manuellen Betrieb liegen Zug- und Anlagensteuerung ganz in der Hand des Nutzers. Im halbautomatischen Betrieb kann man Züge automatisch fahren lassen und selbst händisch einen Zug führen oder Rangierarbeiten erledigen. Im reinen Automatikbetrieb übernimmt der PC die Kontrolle über die Fahrzeuge und die Anlage. Es gibt natürlich noch viele weitere Funktionen wie Pendelzugbetrieb, das Erstellen von Zügen mit verschiedenen Fahrbedingungen oder das einfache Festlegen von Routen, die bestimmten Fahrzeugen zugewiesen werden und die man sehr abwechslungsreich gestalten kann. Sehr spezielle Funktionen wie einen Fahrdienstassistenten oder den Fahrplanbetrieb sucht man allerdings vergeblich. Mit dem Erstellen des Routen-Betriebs ist die Programmierung praktisch abgeschlossen. Unser Fazit: Der Zeitaufwand für die Installation des „iTrain" ist überschaubar. Das Programm erlaubt einen stabilen und interessanten Fahrbetrieb zu einem vernünftigen Preis, nicht mehr aber auch nicht weniger.

Selbstbauregal
Rechner und Monitor sind hier in einem selbst gebauten Regal neben der Anlage untergebracht. Dabei hat es sich bewährt, die Konstruktion mit Rollenfüßen auszustatten.

1893
64 250
Deutsche Bundes

Hochbetrieb herrscht in unserem Kleinstadtbahnhof. Die 64 250 wartet mit ihrem Nahgüterzug wohl am längsten auf die Ausfahrt. denn als Nächste wird die 50er mit ihren großen „Ohren“ auf freie Fahrt hoffen können. Der Lokführer hat jedenfalls das Ausfahrsignal schon fest im Blick. Und ein Durchgangsgüterzug soll ja auch nicht grundlos zurückgehalten werden. Der ganz außen stehende, lange Frachtenzug wird sicher erst den Eilzug, gebildet aus Silberlingen, vorfahren lassen müssen. Dann geht es auch für ihn weiter.

Basteltipps auf einen Blick

Was will ich bauen/basteln?	Materialauswahl	Benötigte Werkzeuge	Vorgehensweise/Tipps	Weitere Infos
Gleis-Trasse bauen	Sperrholz, min. 10 mm Vollholz, Tischlerplatte	Stichsäge, Akkuschrauber	Trassenbretter aussägen, auf dem Rahmen befestigen	Seite 19
Gleisbettung montieren	Bettungsstreifen aus Schaum oder Kork	Lineal, flexibler Schaum-streifen, Kontaktkleber	Gleisverlauf aufzeichnen, Bettung zuschneiden/kleben, für Bögen Bettung teilen	Seite 19-20
Schienen befestigen	Kontaktkleber, Sekunden-kleber Gleisschrauben	Schraubendreher	Gleise möglichst nur kleben, keine Gleisnägel verwenden	Seite 22-23
Kontaktstrecken einrichten	Isolier-Schienenverbinder (z.B. Fleischmann 6403)	Seitenschneider	Original-Verbinder entfernen, Kunststoff-Verbinder einsetzen	Seite 20, 22
Weichenantrieb montieren	Modellbau-Servos, Kunst-stoffprofil, Draht	Schraubendreher, Minischleifer	Weichenantrieb unterflur befestigen	Seite 26-28
Gleise schottern/Wege kiesen	Staubfreier H0-Echtstein-schotter, Z-Schotter, Kleber	Wasserzerstäuber, Pipette	Schotter einstreuen, anfeuchten, Schotter-kleber/verdünnten Weißleim aufträufeln	Seite 48, 70
Blechkanäle einbauen	Blechkanäle aus Metall (Weinert) oder Kunststoff (Auhagen)	Farben, Pinsel, Sekunden-kleber	Leitungsverlauf festlegen, Kanäle lackieren und aufkleben	Seite 32-33
Drahtzüge nachbilden	Feine Gummi-Litze von Weinert, Halter von Auhagen/Weinert	Farben, Pinsel, Sekunden-kleber, feine Bohrer	Drahtzughalter lackieren und aufstellen, Gummi-Litze mit Sekundenkleber befestigen	Seite 35, 37
Weichenlaternen aufstellen	Weichenlaternen von Auhagen	Sekundenkleber	Lagerbock befestigen, Weichenlaterne einstecken.	Seite 36-37
Gewässergrund vorbereiten	Gips, verschiedene Sande, Acrylfarben	Raspel, Drahtbürste, Messer, Pinsel	Mulde oder Flusslauf in den Untergrund einarbeiten, mit Gips auskleiden, bemalen	Seite 39-40
Uferbereich gestalten	Sand, Weißleim, Turfstreu, verschiedene Wasserpflanzen	Streudose, Pinsel	Sand mit Leim fixieren, Turf aufstreuen, Wasserpflanzen aufstellen	Seite 40
Wasser nachbilden	Epoxy-Gießmasse, Farben zum Abtönen (z.B Revell)	Mischbecher, Rührgerät, Waage	Gießmasse anrühren, einfärben, eingießen	Seite 39-41
Wellen modellieren	UHU-Plus-Schnellfest oder transparentes Struktur-Gel	Holzstäbchen, Spachtel	Kleber oder Gel auftragen und mit dem Stäbchen modellieren	Seite 41
Geländerohbau erstellen	Hartschaumplatten, Sty-roporplatten, Fliegendraht	Feinsäge, Heißschneider, Klebepistole, Cutter-Messer	Schaumplatten schneiden oder sägen, zusammenkleben	Seite 43-44
Gelände formen	Hartschaumplatten	Heißschneider, Raspel, Messer, Schleifpapier	Geländerohbau in die gewünschte Form bringen	Seite 45-46
Gelände modellieren	Modellbau- und Hobbygips Fertigspachtel	Mischbecher, Spachtel, Stuckeisen	Gelände mit Gips überziehen, Löcher und Spalten füllen	Seite 47
Felsen gestalten	Gips, Gießmasse, Gießformen	Mischbecher	Gips dünnflüssig ansetzen, Formen langsam auffüllen	Seite 47
Gelände begrünen	Sand, Weißleim/Vinylkleber, Turfstreu, Grasfasern	Pinsel, Streudosen, Begrasungsgerät	Bodenschicht mit Sand, danach Kleber aufbringen, Grasfasern aufschießen	Seite 49-51
Bodendecker/Büsche pflanzen	Flormatten, grober Turfstreu, Büsche	Schere, Weißleim, Pinzette	Flormatten zuschneiden/aufkleben, Turf aufstreuen Büsche mit Weißleim einset-zen, kleben, Turf aufstreuen	Seite 51
Gartenbeete anlegen	Holz- oder Plastikleisten, Sand oder Blumenerde	Messer, Weißleim, UHU-Por	Beet-Umrandungen aus den Leisten herstellen, Beete mit Sand füllen	Seite 54
Papierpflanzen einsetzen	Lasercut-Pflanzen von Noch und MBZ	Messer, Pinzette, Weißleim	Pflanzen vorsichtig aus dem Rahmen trennen, formen und mit wenig Leim aufstellen	Seite 54-57

Ladestraße bauen	Gießformen Ladestraße der Werkstatt Spörle, Gips	Mischbecher, Sekundenkleber Fertigspachtel, Acrylfarben	Straßenteile gießen und aufkleben, Spalten füllen, bemalen	Seite 59
Bahnübergang bauen	Sperrholzbrettchen, Schranken, Verkehrsschilder	Feinsäge, Weißleim, Bohrer Straßenfarbe	Füllstücke aus Sperrholz einsetzen, Straße spachteln, bemalen, Schranken und Zeichen aufstellen	Seite 59-60
Telegrafenleitungen aufstellen	Masten von Auhagen, feine Gummi-Litze von Weinert	Bohrer, Sekundenkleber, Ölfarben und Verdünnung	Masten in Bohrungen setzen, Drahtleitungen mit Gummi-Litze nachbilden, färben	Seite 60-61
Bahnhofsgebäude einrichten	Karton, ABS-Platten, Schalterhalle von MBZ	Messer, Lineal, Sekundenkleber, Acrylfarben	Innenwände einbauen und bemalen, Einrichtung und Figuren einsetzen	Seite 65-67
Bahnsteige bauen	Sperrholzbretter, Hartschaum-Streifen, feiner Schotter	Stichsäge, Messer, Weißleim, UHU-Por	Grundkörper aus Sperrholz bauen, mit Hartschaum bekleben, Kiesschicht aufbringen	Seite 68-70
Signale bauen	Signalbausätze, z. B. von Conrad, Weinert	Lötstation, Bohrer, Pinzette, Farben, Sekundenkleber	Signale nach Anleitung bauen und bemalen, aufstellen	Seite 73-74
Signaltafeln aufstellen	Signaltafeln von Auhagen, Faller oder MBZ	Messer, Pinzette, Sekundenkleber	Tafeln ausschneiden, am Mast befestigen, aufstellen	Seite 75
Gebäude verfeinern	Modellbaufarben	Pinsel, Airbrush-Pistole	Bauteile nach Vorlagen lackieren, Details mit Pinsel betonen	Seite 77-81
Innenräume basteln	Karton, ABS-Platten, Zubehör von Faller, Preiser, Noch	Messer, Lineal, Sekundenkleber, Modellbaufarben	Innenwände einbauen und bemalen, Böden einbauen, Zubehör und Figuren einsetzen	Seite 65, 80, 85-86, 91-92, 94-95
Hausbeleuchtung einbauen	Warmweiße Leuchtdioden, Lichtplatinen von Viessmann	Lötgerät, Seitenschneider, Sekundenkleber	Leuchtdioden oder Fertigplatine einbauen, anschließen	Seite 66, 69, 86-87, 95, 100
Leuchten aufstellen	Straßenleuchten von Brawa, Conrad, Viessmann	Bohrer, Lötgerät	Bohrungen fertigen und Leuchten aufstellen, verkabeln	Seite 95, 100
Digital fahren	Digital-Zentrale		Digital-Zentrale anschließen	Seite 103
Rückmeldung installieren	Rückmelde-Decoder	Bohrer, Kabel, Stecker	Rückmelde-Decoder montieren, Gleiskontakte anschließen	Seite 20, 22, 106
PC verbinden	Digital-Zentrale, PC, Netzwerkkabel		Zentrale und PC verbinden	Seite 107
Steuerungsprogramm nutzen	Modellbahn-Steuerungsprogramm		Programm installieren und aktivieren	Seite 107

Herstellerverzeichnis

Asoa (www.asoa.de): Sand, Schotter
Artitec (www.artitec.de): Gebäude (Resin)
Auhagen (www.auhagen.de): Fahrzeug-Waage, Stellwerkszubehör, Bastelplatten, Bahnübergang
Bolls Modellbahntechnik (www.bmbtechnik.de): Rückmelde-Decoder
Brawa (www.brawa.de): Lampen, Leuchten
Busch (www.busch-model.com): Geländekrepp, Geländematten, Bodenstreu, Blumen in Töpfen
Claus Ilchmann (www.modelleisenbahn-claus.de): Servo-Decoder
Conrad Electronic (www.conrad,de): Sprühkleber, Schnellspachtelmasse, Schotterkleber, Activator-Spray, Servo-Antrieb, USB-Adapter, Lichtleiter
Erbert (www.erbert-signale.de): Grenzzeichen,
ESU (www.esu.eu): Digital-Zentrale
Faller (www.faller.de): Gebäude (Kunststoff), Car-System, Stellwerks-Inneneinrichtung
FKS Modellbau (www.fks-modellbau.de): Riffel- und Rautenbleche
Heki (www.heki-kittler.de): Geländematten, Grasfasern, Foliage Heki-Flor, Begrasungsgerät
Humbrol (www.humbrol.com): Kunstharz-Emaille-Lackfarben
Langmesser-Modellwelt (www.langmesser-modellwelt.de): Schaltschränke, Gully
LDT (www.ldt-infocenter.com): Decoder
Märklin (www.maerklin.de): K-Gleis, Behelfsstellwerk, Digital-Zentrale
MBC Wilder Kaiser (www.mbc-wilderkaiser.at): Schotter (Moba-Lit)
MBZ (www.modellbahn-zubehoer.de): Inneneinrichtung, Fußgänger-Unterführung, Kuhfladen
Minitec (www.minitec24.de): Sand, Schotter
Mini-Natur (www.mininatur.de): Fertigbäume, Filigranbüsche, Geländematten, Grasfasern
Müllers Bruchbuden (www.muellers-bruchbuden.de): Gebäude (Resin)
Noch: (www.noch.de): Gebäude (Lasercut), Abgussformen, Turf-Streu, Begrasungsgerät
Preiser (www.preiserfiguren.de): Figuren/-Sets
Proxxon (www.proxxon.com): Heißschneidegerät Thermocut 12E
Roco (www.roco.cc): digitales Steuergerät
Selitac (www.selit.com): Hartschaumplatten mit Struktur
Tamiya (www.tamiya.de): Acrylfarben
Tams (www.tams-online.de): Digital-Zentrale, Decoder
Vampisol (www.vampisol.de): Grasfasern, Vinylkleber
Viessmann (www.viessmann-modell.com): LED-Lampen, Flügelsignal
Voelkner (www.voelkner.de): Signal-Bausatz
Vollmer (www.vollmer-online.de): Stellwerk
Weinert (www.weinert-modellbau.de): Stellwerkszubehör (Metall)
Berros: (www.berros.eu): iTrain (Software)

Stichwortverzeichnis

Epochen

Epoche I
(1835 bis 1925)
Gründerphase der Eisenbahnen: Es entstehen Länder- und Privatbahnen mit vielfältigen, eigenen Fahrzeugtypen. Gegen Ende der Ära kommt es zu ersten Vereinheitlichungen.

Epoche II
(1925 bis 1945)
Ära der Staatsbahngründungen: In Deutschland entsteht 1924 die Deutsche Reichsbahn Gesellschaft DRG. Sie startet Fertigungsprogramme für Fahrzeuge nach Einheitsbaureihen (Lokomotiven) und Austauschbauarten (Wagen) zwecks größerer Wirtschaftlichkeit.

Epoche III
(1945 bis 1970)
In Deutschland bilden sich die Deutsche Bundesbahn (DB) und die Deutsche Reichsbahn (DR) der DDR. Dampf-, Diesel- und Elektrotraktion nebeneinander existierend (somit große Fahrzeugvielfalt), weitere Vereinheitlichungsbestrebungen.

Epoche IV
(1970 bis 1990)
Einführung einheitlicher UIC-Beschriftungen für Loks und Wagen für die Erfassung per Computer. Verschwinden der Dampftraktion.

Epoche V
(1990 bis 2006)
Aus der Deutschen Bundesbahn und Reichsbahn der ehemaligen DDR geht 1994 die Deutsche Bahn AG (DB AG) hervor. Private Eisenbahnverkehrsunternehmen und Bahngesellschaften (EVU) erhalten Zugang zum Netz und engagieren sich vor allem im Güterverkehr und bei der Personenbeförderung im Nahverkehr.

Epoche VI
(seit 2006)
Einführung von 12-stelligen UIC-Nummern mit Bauart- und Ländercode für neu gebaute Triebfahrzeuge. Der vermehrte Einsatz von Loks privater EVU im bunten Design sorgt für ein abwechslungsreiches Erscheinungsbild.